高速串行收发器原理及芯片设计：
基于 JESD204B 标准

唐 枋 李世平 陈 卓 著

科 学 出 版 社

北 京

内 容 简 介

最近几年，我国相控阵雷达系统对超高度数据转换器（ADDA）芯片提出了明确的需求，为了支撑星载ADDA与FPGA、DSP等算法处理芯片之间的超高速互联，国内许多研究机构都参与到了具有确定性延迟的SerDes接口芯片研制工作中。首先，本书研究JESD204B协议的基本内容，整理其关键技术，分析204B控制器的确定性延迟机制，探讨收发器PHY的系统结构和重要的参数设置。其次，本书分别针对发送端和接收端，详细分析和描述JESD204B控制器的协议与数字电路设计实现。然后，本书基于55 nm1p7m_RF工艺，采用数模混合设计完成了JESD204B收发器PHY的电路设计实现，重点详述了发送机中的串行化器和终端检测、接收机的自适应连续时间均衡器、离散时间判决反馈均衡器以及解串器设计。最后，本书介绍了基于混合信号的JESD204B收发器的系统仿真方案和关键仿真结果。

本书可供微电子、集成电路、通信工程、电路与系统等专业从业人员阅读和参考。

图书在版编目（CIP）数据

高速串行收发器原理及芯片设计：基于JESD204B标准/唐枋，李世平，陈卓著. —北京：科学出版社，2022.3（2024.10重印）

ISBN 978-7-03-066479-2

Ⅰ. ①高… Ⅱ. ①唐… ②李… ③陈… Ⅲ. ①可编程序逻辑阵列—系统设计 Ⅳ. ①TP332.1

中国版本图书馆CIP数据核字（2020）第204331号

责任编辑：孟 锐/责任校对：彭 映
责任印制：罗 科/封面设计：墨创文化

科 学 出 版 社 出版
北京东黄城根北街16号
邮政编码：100717
http://www.sciencep.com

成都蜀印鸿和科技有限公司 印刷
科学出版社发行 各地新华书店经销
*
2022年3月第 一 版 开本：787×1092 1/16
2024年10月第四次印刷 印张：11 1/4
字数：267 000
定价：89.00元
（如有印装质量问题，我社负责调换）

作 者 简 介

唐枋　重庆大学"百人计划"特聘研究员

博士生导师

高性能集成电路重庆市工程实验室副主任

重庆大学通信工程学院集成电路创新团队带头人

获第五批重庆市高等学校优秀人才支持计划

获 2017 年唐立新奖教金

获 2018 年重庆大学优秀青年教师

出生年月：1983 年 10 月

籍贯：重庆市

职称职务：博士（后）、研究员、博（硕）士生导师。2006 年获得北京交通大学通信工程专业学士学位，2009 年 8 月获得香港科技大学电子信息与计算机工程硕士学位，2013 年 1 月获得香港科技大学电子信息与计算机工程博士学位。此后以副研究员的身份继续在香港科技大学从事博士后工作。2013 年 11 月以重庆大学"百人计划"特聘研究员身份加入重庆大学通信工程学院集成电路设计与工程系。研究领域包括传感器、模拟数字转换器、高速通信接口和片上系统芯片设计，在包括 *IEEE Journal of Solid State Circuits*，*IEEE Transaction on Electron Devices*，《电子学报》，*European Solid-State Circuits Conference* 等权威期刊和会议上发表论文 40 多篇，申请发明专利 30 多项。担任第四届和第五届 *Asia Symposium & Exhibits on Quality Electronic Design*，2014 年《IEEE 国际电子器件和固态电路会议（EDSSC）》等国际会议的委员，入选重庆市海外高层次人才，2017 年科学中国人年度人物，作为项目主持人承担各类项目总金额 700 多万元。

目　　录

第1章 绪　　论

1.1　JESD204B 简介

JESD204B 作为转换器接口经过几次版本更新后越来越受瞩目，效率也越来越高。随着转换器分辨率和速度的提高，对更高效率接口的需求也在增长。较之 CMOS 和 LVDS 接口，JESD204B 接口可提供这种高效率，在速度、尺寸和成本上更有优势。采用 JESD204B 接口的设计具有更高的速率，能支持转换器的更高采样速率。此外，引脚数量的减少使得封装尺寸更小且布线数量更少，这些都让电路板更容易设计并且整体系统成本更低。该标准可以方便地调整，从而满足未来需求，这从它已经经历的两个版本的变化中即可看出。从 2006 年发布以来，JESD204 标准经过两次更新，目前版本为 B。该标准已为越来越多的转换器供应商、用户以及 FPGA 制造商所采纳，因此它被细分并增加了新特性，提高了效率和实施的便利性。此标准既适用于模数转换器（ADC）也适用于数模转换器（DAC），还可作为 FPGA 的通用接口（也可能用于 ASIC）。JESD204B 系统连接图如图 1.1 所示。

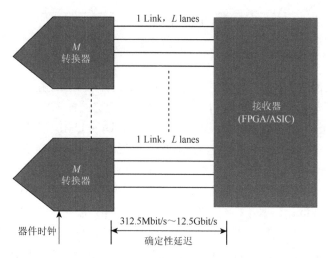

图 1.1　JESD204B 系统连接图

总的来说，相比以往传统的接口（如 CMOS、LVDS 等），JESD204B 的优势主要有四点。①简化系统设计。使用传统的接口时，如果 ADC 的通道数很多，ADC 与 FPGA 之间的布线将是非常密集的，且需要各通道的布线长度相同，实现相对烦琐，否则将可能使数据质量变差。用 JESD204B 接口则可以大大简化 ADC 与 FPGA 之间的布线。②减少引脚数目。和传统的接口相比，JESD204B 接口能大幅减少引脚数目，从而降低布板的成本。③由于布线更简单、引脚数更少，因此，使用 JESD204B 接口将会使得封装更小、更简单。

④JESD204B 接口的数据率优势将带来大带宽。

就像几年前 LVDS 开始取代 CMOS 成为转换器数字接口技术的首选一样，以 CML 电平为基础的 JESD204 有望在未来数年内以类似的方式发展。虽然 CMOS 技术目前还在使用中，但已基本被 LVDS 所取代。转换器的速度和分辨率以及对更低功耗的要求最终使得 CMOS 和 LVDS 将不再适合。随着 CMOS 输出的数据速率的提高，瞬态电流也会增大，导致更高的功耗。虽然 LVDS 的电流和功耗依然相对较为平坦，但接口可支持的最高速度受到了限制。这是由于驱动器架构以及众多数据线路都必须全部与某个数据时钟同步。图 1.2 显示一个双通道 14 位 ADC 的 CMOS、LVDS 和 CML 电平输出的不同功耗要求。

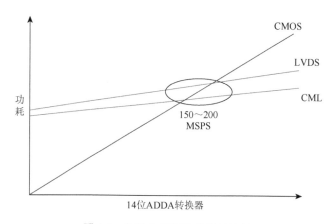

图 1.2　各种电平标准的能效比较

在 150～200 MSPS 和 14 位分辨率时，就功耗而言，CML 输出驱动器的效率开始占优。CML 的优点是：因为数据的串行化，所以对于给定的分辨率，它需要的输出对数少于 LVDS 和 CMOS 驱动器。JESD204B 接口规范所说明的 CML 驱动器还有一个额外的优势，即当采样速率提高并提升输出线路速率时，该规范要求降低峰值电压水平。同样，针对给定的转换器分辨率和采样率，CML 所需的引脚数目也大为减少。在 CMOS 和 LVDS 输出中，数据用作每个通道数据的同步时钟，使用 CML 输出时，JESD204B 数据传输的最大数据速率为 12.5 Gbit/s。使用 CML 驱动器的 JESD204B 优势十分明显，引脚数大为减少。

12in（1in = 2.54cm）晶圆有两个节点寿命会比较长，一个是 65 nm/55 nm，另外一个就是 28 nm。28 nm 甚至比 65 nm/55 nm 前景更好，寿命更长。不管是设计公司的设计开发，还是现代工厂的产线建设，14 nm/16 nm 或者 10 nm/7 nm 由于引入了 finfet 技术，流片成本都非常高。这样的成本结构会使得要使用 28 nm 以下先进节点的芯片数量大幅减少。65 nm/55 nm 工艺可以应付大多数指标要求不高的特种芯片，而高性能的特种芯片的产能需求会长时间停留在 28 nm 这个节点上。2015 年 9 月 24 日，赛迪顾问发布《中国 IC28 纳米工艺制程发展白皮书》。白皮书指出，随着 28 nm 工艺技术的成熟，28 nm 工艺产品市场需求量呈现爆发式增长态势：从 2012 年的 91.3 万片到 2014 年的 294.5 万片，年复合增长率高达 79.6%，并且这种高增长态势将持续到 2017 年。白皮书明确表示，28 nm 工艺将会在未来很长一段时间内作为高端主流的工艺节点。考虑到中国物联网应用领域巨大的市场需求，28 nm 工艺技术预计在中国将持续更长时间，为 6～7 年。

因此，随着中芯国际（SMIC）在 28 nm 节点上即将具备量产的能力，我国特种芯片在 28 nm 上的国产化很快就会进入规模化阶段，并将长期停留在此工艺制程中。因此在当前布局 28 nm 工艺节点的关键芯片设计技术是我国特种集成电路领域跨越式发展的重要课题。随着越来越多的高性能特种 SOC 芯片演进至 28 nm 这个重要的 CMOS 工艺节点，符合 JESD204B 协议标准的高速串行收发器（Serdes）成为 ADDA 系统中必不可少的接口芯片。因此提前布局 28 nm 工艺节点的关键芯片设计技术是我国特种集成电路领域跨越式发展的重要课题。JESD204B 收发器芯片在 28 nm 节点的设计需求可归纳为以下几个关键技术。

（1）高速低噪声射频锁相环，满足 1ps 以内的抖动需求。

（2）Serdes 物理层 20 Gbit/s 以上的串行收发速率，以应对未来更高数据率的 ADDA 转换需求。

（3）满足 –55～125℃的温度要求。

（4）输入参考时钟抖动滤除。

（5）自适应判决反馈均衡器支持 30dB 以上的信道损耗。

（6）支持 JESD204B 中对 F、L、N、K 等参数动态配置的可重构设计。

国际业内领先的数据转换器供应商 ADI 和 TI 预见到了推动转换器数字接口向 JESD204 发展的趋势。ADI 自初版 JESD204 规范发布之时起参与标准的定义。截至目前，ADI 发布了多款转换器产品，兼容 JESD204 和 JESD204A 输出，目前与 Xilinx 合作发布了输出兼容 JESD204B 的产品。AD9639 是一款四通道、12 位、170/210 MSPS ADC，集成 JESD204 接口。AD9644 和 AD9641 是 14 位、80/155 MSPS、双通道/单通道 ADC，集成 JESD204A 接口，AD9680 则集成了 4 路 JESD204B 接口的 500 MSPS 双通道高速 ADC 芯片。国际著名 FPGA 提供商 Altera 和 Xilinx 均将 204B 作为其关键知识产权（IP）。两个 IP 的架构基本相同，都是只实现 JESD204B 链路层协议部分，不包括传输层协议（帧组装）、8B/10B 编解码。Altera 的 IP 在根据自己的配置产生一个实例化时会给出一个帧组装的参考，而 Xilinx 则没有。两个 IP 核的 8B/10B 编解码模块都是默认在 Serdes 里面实现的。Altera 的 IP 核包含了寄存器配置模块，因此内嵌了一个参数配置总线接口（Avalon-MM）。而 Xilinx IP 核参数配置模块是与 IP 核独立的，其配置总线使用 AXI4-Lite 总线接口。

在 Serdes 共性技术方面，近期国际上发表的最先进的 Serdes 成果显示，实验室测试数据速率可达到 56 Gbit/s。PAM4 发送机采用前馈均衡器（FFE）与预失真驱动以实现 9dB 最大增益和 100%线性时序控制。当重定时与复用数据时，PAM4 接收机采用线性和判决反馈均衡（DFE）与纯线性 CDR 来恢复时钟。高速解码器被引入执行信号转换。NRZ 发送机采用相位校准在最后阶段来动态地排列数据和时钟相位。一个内置的 PLL 通过采用带宽优化技术，提供最小的时钟抖动。NRZ 接收机包括从超高速数据流中提取时钟的独特技术，并且 8 倍地解复用。所有的电路都能够在标准的 65 nm 和 40 nm 的 CMOS 技术下制造。

1.2　设　计　目　标

本书针对满足 JESD204B 协议的高速串行互联 Serdes 芯片架构进行研究，提出基于 55 nm 工艺的设计方法，具体内容主要包括以下几方面。

（1）基于 55 nm1p7m_RF 工艺，设计验证 JESD204B controller 和 PHY，单路串行收发速率≥10 Gbit/s。

（2）整个架构包括 2 路 TX、2 路 RX，兼容 JESD204B 的 Subclass1 子类，协议层参数可配置。

（3）介绍两个版本的芯片设计，一版为独立的测试芯片，另一版为供系统使用的 JESD204B IP，介绍了芯片的混合信号仿真验证。

1.3　本　章　小　结

随着转换器分辨率和速度的提高，为了满足对更高效率接口的需求。本章提出了 JESD204B 接口，首先介绍了 JESD204 标准的更新发展，阐述了该接口相比以往传统的接口（如 CMOS、LVDS 等），不仅能够提高转换器分辨率和速度、支持转换器具有更高的采样速率，而且能让系统成本更低、整体电路板更容易设计。其次在设计公司的设计开发和现代工厂的生产线建设上，提出高端主流的工艺节点的优势，整理了 JESD204B 收发器芯片在先进工艺节点设计需求的关键技术。最后提出了对满足 JESD204B 协议的高速串行互联 Serdes 芯片架构的研究目标和设计方法。

第 2 章　JESD204B 收发器的功能、架构、端口描述

2.1　JESD204B 协议概述

　　用于数据转换器的高速串行接口正在形成一种趋势，以支持更高速转换器、灵活的时钟以及确定性延迟等日渐严苛的要求。JESD204 串行链路的第一版和第二版提供了转换器以较少引脚数发送和接收数据时更为迫切需要的突破。但是，这些版本在通道数、速度和功能方面存在一些基本限制。而第三个版本（即 JESD204B）有三个主要的新改进：更高的通道速率最大值（每通道高达 12.5 Gbit/s）、支持确定性延迟、谐波帧时钟。最新的 JESD204B 接口得益于转换器性能的提升（这些转换器兼容开放市场 FPGA 解决方案，并且可扩展），现已能轻松传输大量待处理的数据。

　　当采用并行 I/O 将多个高速数模转换器（DAC）与单个 FPGA 相连时，对 FPGA 的 I/O 要求很高。这种情况下，很难对每个 DAC 到 FPGA 的数据时钟输出（DCO）信号进行布局并连接。Serdes 接口如何改善这个问题？相比并行或低压差分信号（LVDS）接口结构，串行 JESD204B 接口的 I/O 引脚数量要少得多。此外，时钟信号内嵌于串行数据流中，因此 DCO 并不是必需的。由于 JESD204B 数据在发送机件中成帧并在接收机件中解帧（使用控制符对齐），I/O 通道的时间偏斜在很大程度上是可以容忍的——只要不对布局产生很大影响即可。这可以在很大程度上简化 FPGA 到 ADC 或 DAC 的 I/O 布局复杂性。JESD204B 收发器支持 JESD204B 协议中 subclass0、subclass1 的要求。subclass0 向后兼容 JESD204A，subclass1 可以实现 JESD204B 规定的确定性延迟。

2.1.1　JESD204B 收发器的系统架构

　　整个 Jesd204b_serdes_top 包括两大部分：JESD204B 协议实现的数字电路模块（jesd204b_core）和 JESD204B 高速串行器（phy），其中包括两条收发链路。JESD204B 测试芯片的系统结构图如图 2.1 所示。其中 tdi_data、tdo_data 是单芯片测试用的 125MB、64 位数据，同时对 64 位测试数据进行复用，tdi_data[39：0]给 phy 的 txN_data[39：0]数据输入端口复用，tdi_data[59：40]留给 phy 的相关端口配置复用，tdo_data 留给 rxN_data 等端口复用输出。

　　JESD204B 测试芯片内部收发双链路结构图如图 2.2 所示。

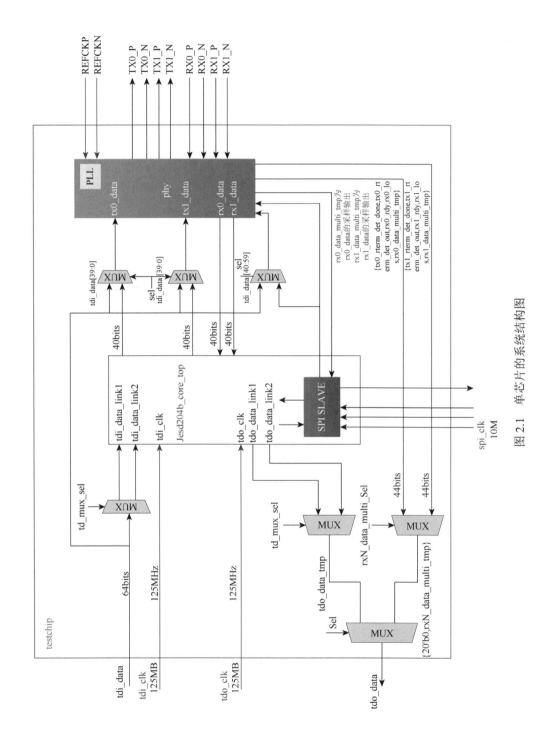

图 2.1 单芯片的系统结构图

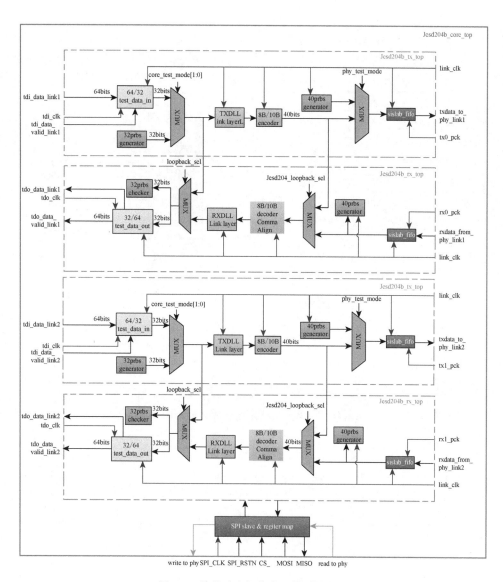

图 2.2　单芯片内部收发双链路结构图

2.1.2　JESD204B IP 的架构

当 jesd204b_serdes 作为 IP 使用时，其与应用层的接口分别是 txdata_in_link1、txdata_in_link2、rxdata_in_link1、rxdata_in_link2。系统结构图如图 2.3 所示，JESD204B IP 内部收发双链路结构图如图 2.4 所示。

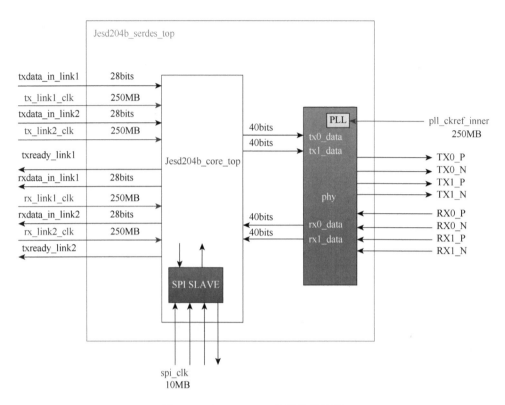

图 2.3　JESD204B IP 的系统结构图

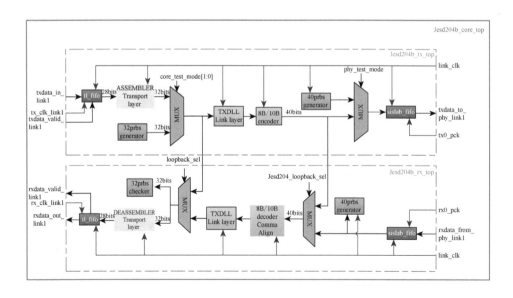

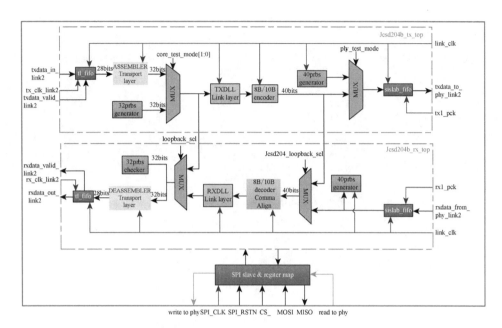

图 2.4　JESD204B IP 内部收发双链路结构图

2.2　JESD204B 控制器（数字协议部分）

jesd204b_core_top 模块是 JESD204B 数字协议实现的核心电路，包括两条相互独立的数据链路和 spi 从机及所有配置寄存器。单链路的组成部分如图 2.5 所示。每条链路分别由一条 TX 链路和一条 RX 链路组成，并且为单通道。TX 链路中 jesd204b_tx data link layer 为 JESD204B 协议实现的核心数字电路，包括 scrambler、alignment character generator、lane alignment sequence、8b/10b encoder 等模块。RX 链路中 jesd204b_rx data link layer 包括 descrambler、alignment、decode lane alignment sequence、replace data、8b/10b decoder、LMFC and status controller、error report 等模块。发射端传输层（assembler）的数据输入固定为 28 位宽，经过帧组装后输出 32 位数据到链路层中。同样，接收端的传输层（deassembler）负责把接收到的 32 位链路层数据解帧为 28 位数据输出。

jesd204b_serdes 中内嵌了自测机制，测试激励为 32 位和 40 位的伪随机码（PRBS）。其中 32 位的伪随机码用来测试 jesd204b 链路层通路，而 40 位伪随机码用来测试 JESD204B 高速串行器（PHY），接收端的伪随机码校验器的校验结果保存到寄存器中，可以通过 spi 接口读出伪随机码的校验结果。

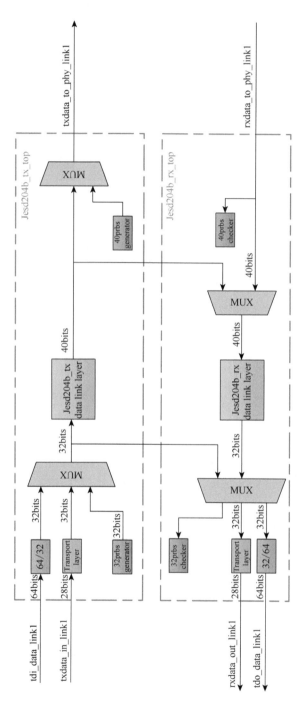

图 2.5　JESD204B 数字部分框架图

2.3　异步 FIFO

本项目使用的异步 FIFO 的深度为 8，宽度为 28 和 40。使用 4 位的 gray 码计数器作为读写指针，通过判断读指针和同步过来的写指针是否相等来判断 FIFO 是否为空状态，并将空状态标志位与读使能相接，从而实现通过状态标志来控制 FIFO 的读操作。如图 2.6 所示为宽度为 28 的 FIFO 工作时序图。rgraynext 和 rq2_wptr 分别为读指针和同步过来的写指针，当两者一致时，FIFO 为空，rempty 为 1。而当两者不一致时，rempty 为 0，将读使能信号 rinc 拉高，FIFO 开始读取数据。在 FIFO 中，写读数据之间有四个节拍。由于此 FIFO 是应用于同频不同相的条件下，不会产生溢出。

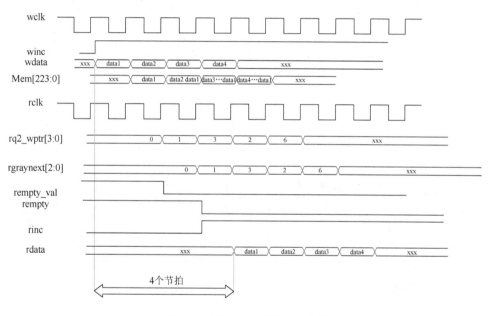

图 2.6　异步 FIFO 的读写时序图

2.4　JESD204B 收发器 PHY 的结构

双通道的输入输出，可实现 40 位并行数据的串行输出，相反实现串行数据的解串，串行数据传输速率可达 10 Gbit/s。同时数字部分的链路时钟也是由 PHY 来缓冲输出的。PHY 系统结构如图 2.7 所示。

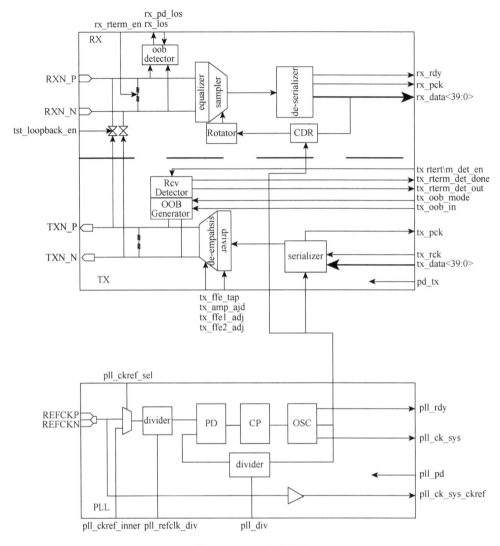

图 2.7　PHY 系统结构

2.5　JESD204B 收发器的重要参数配置

1. 发射端重要参数列表（表 2.1）

表 2.1　发射端重要参数

符号	描述	值	注意
SUBCLASS	支持的子类	subclass0、subclass1	
L	每个转换器设备的通道数量	1	不可配置
M	每个设备的转换器数量	1	不可配置
F	每个帧的字节（8 位）数	4	不可配置

续表

符号	描述	值	注意
S	每个帧每个转换器传输的样本数（当 $S>1$ 时，为过采样：链中所有转换器，每个转换器超过 1 个样本被映射到一个帧样本中）	2	不可配置
N	每个转换器的分辨率	14	不可配置
N'	每个样本传输的位数（JESD204B 中字的大小，必须为 4 的倍数，包括转换器样本、控制位和结束位）	16	不可配置
K	每个多帧中帧的数目	$17/F \leqslant K \leqslant 32$；$1\sim32$	
CS	每个转换样本中控制位的数量	0	不可配置
CF	每个链路每个帧时钟周期的控制字的数量	0	不可配置
SCR	加扰控制	0：不加扰；1：加扰	
multi_frame	ILAS（通道对齐序列）的多帧数	subclass0：4～255 subclass1：4	
test_mode	JESD204B 控制器的工作模式选择	00：正常工作模式 01：发送连续的 K28.5 10：发送 ILAS	
sysref_always	1：JESD204B 控制器在所有的 sysref 边沿都重新对齐 LMFC 时钟 0：JESD204B 控制器只在第一个 sysref 边沿对齐 LMFC 时钟		
sysref_resync	1：需要 sysref 边沿来完成重同步 0：不需要 sysref 信号来完成重同步		

2. 接收端重要参数列表（表 2.2）

表 2.2　接收端重要参数

符号	描述	值	注意
SUBCLASS	支持的子类	subclass0、subclass1	
L	每个转换器设备的通道数量	1	不可配置
M	每个设备的转换器数量	1	不可配置
F	每个帧的字节（8 位）数	4	不可配置
S	每个帧每个转换器传输的样本数（当 $S>1$ 时，为过采样：链中所有转换器，每个转换器超过 1 个样本被映射到一个帧样本中）	2	不可配置

续表

符号	描述	值	注意
N	每个转换器的分辨率	14	不可配置
N'	每个样本传输的位数（JESD204B 中字的大小，必须为 4 的倍数，包括转换器样本、控制位和结束位）	16	不可配置
K	每个多帧中帧的数目	$17/F \leqslant K \leqslant 32$；$1 \sim 32$	
CS	每个转换样本中控制位的数量	0	不可配置
CF	每个链路每个帧时钟周期的控制字的数量	0	不可配置
SCR	加扰控制	0：不加扰；1：加扰	
test_mode	JESD204B 控制器的工作模式选择	00：正常工作模式 01：发送连续的 K28.5 10：发送 ILAS	
sysref_always	1：JESD204B 控制器在所有的 sysref 边沿都重新对齐 LMFC 时钟 0：JESD204B 控制器只在第一个 sysref 边沿对齐 LMFC 时钟		
sysref_resync	1：需要 sysref 边沿完成重同步 0：不需要 sysref 信号完成重同步		
rx_buffer_delay	改变接收缓冲器释放的时间		
rx_buffer_adjust	接收端输入数据到达接收缓冲器与下一个 LMFC 之间的时间差		

3. 工作模式及可测试性配置参数列表（表 2.3）

表 2.3　工作模式及可测试性配置参数

符号	描述	注意
core_test_mode	000：正常工作模式（28 位 ADC 数据） 001：64 位测试数据工作模式 010：32 位 prbs 工作模式	JESD204B IP 可以配置为：000、010 JESD204B 测试芯片配置：001、010
phy_test_mode	1：正常链路的 40 位数据 0：40 位的 prbs 测试数据	
jesd204_loopback_sel_link1	数据经过 jesd204b 链路层后直接回环，不经过 phy	
jesd204_loopback_sel_link2		
loopback_sel_link1	数据不经过 jesd204b 链路层，直接回环	
loopback_sel_link2		

续表

符号	描述	注意
td_mux_sel	1：64 位测试数据输入链路 1 0：64 位测试数据输入链路 2	JESD204B 测试芯片 使用
rxN_data_multi_sel	1：phy 通道 1 的输出数据通过 tdo_data 复用 输出 0：phy 通道 2 的输出数据通过 tdo_data 复用 输出	JESD204B 测试芯片 使用
sel	1：单芯片工作在复用模式 0：单芯片工作在正常模式	
wa_select	1：8b/10b 解码器 40 位输入数据来自 sislab_jesd204_wa 模块 0：8b/10b 解码器 40 位输入数据来自 sislab_jesd204_wa_new 模块	
framer_select	1：组帧解帧模块的输出数据进行字 反转 0：组帧解帧模块的输出数据不进行字反转	JESD204B IP 时使用

2.6　本 章 小 结

本章主要从 JESD204B 收发器的功能、架构、端口进行介绍，首先对 JESD204 版本的发展改进进行了比较，发展成为第三个版本 JESD204B，概述了 JESD204B 协议的基本内容，包括 JESD204B 收发器的系统架构和 JESD204B IP 架构，其次介绍了 JESD204B 控制器（数字协议部分）核心电路的两条相互独立的数据链路、spi 从机以及所有配置寄存器。然后介绍了本项目使用的异步 FIFO 配置，同时给出了在本项目参数配置下的异步 FIFO 读写时序图。最后给出了 JESD204B 收发器 PHY 的系统结构框图和 JESD204B 收发器的重要参数配置列表。

第3章 JESD204B 发送端协议分析及设计实现

3.1 JESD204B 发送端协议分析

3.1.1 传输层协议分析

在 JESD204B 协议中，传输层处于应用层与链路层之间，发送端的传输层又可以称为帧组装器，主要负责根据顶层的相关配置把数据转换器采样样本组装为帧数据，然后分配到各个通道的链路层中。反之，接收端的传输层是解帧器，根据相同的配置把接收端的链路数据解帧为样本数据输出。协议提供了如下四种数据映射方式：①单个转换器到单个通道的映射；②同一器件中多个转换器到单个通道的映射；③单个转换器到多个通道的映射；④同一器件中多个转换器到多个通道的映射。

传输层的数据映射方式与表 3.1 所定义的参数有关。注意，虽然表格中的参数对于传输层来说很重要，但是协议也并没有强制要求传输层必须都能实现表格中的所有参数配置，用户可以根据系统设计需求进行相应的设计。

表 3.1　帧组装配置参数

配置参数	描述
CS	每个帧周期每个样本的控制位数量，当 CF = 0 时，控制位始终附加在每个采样样本的后面；当 CF = 1 时，控制位附加在每个帧后面
CF	每个链路每个帧周期控制字的数目
F	每帧数据包含 F 个字节
HD	高密度数据模式，HD = 1 则转换器样本分配到 1 个以上的通道中
L	每个器件的通道数目
M	每个器件的转换器数目
N	转换器的分辨率
N'	半字节组大小，必须为 4 的倍数，包括转换器样本、控制位和结束位，有时称为 JESD204B 字大小
S	每个帧周期每个转换器包含 S 个样本

在帧组装器中，每个器件的转换器数目（M）、每个帧周期每个转换器采样样本（S）以及转换器的分辨率（N）决定输入数据的总位宽，即包含 $M \times N \times S$ 位。转换器的采样带宽（SBW）则由转换器数目 M、分辨率 N、采样率 SR 决定：

$$SBW = M \times N \times SR \tag{3.1}$$

根据采样带宽和每个通道可支持的最高带宽（B）就可以算出需要多少个通道 L 来完

成所有采样数据的传输：

$$L = \frac{\text{SBW} \times 10/8}{B} = \frac{M \times N \times \text{SR} \times 10/8}{B} \quad (3.2)$$

在很多应用场合 S 一般都等于 1，此时帧时钟和转换器的采样时钟是相等的。然而，JESD204B 协议允许每个转换器每个帧周期发送超过一个采样样本，即 S 可以大于 0，此时帧时钟等于转换器的采样时钟除以 S。但是 S 必须是整数，这是为了减少 serdes 和敏感模拟电路的串扰。所有输入的采样样本数据被组合为每个通道 F 个字节的帧数据。每个样本都将组合为 N' 位数据，这 N' 位数据包括 N 位数据、可选的控制位和尾比特位。

1. 单通道正常采样的数据映射格式

下面以最简单的单通道正常采样的数据映射方式来详细分析数据的组帧过程，单通道正常采样的数据映射方式如图 3.1 所示。一个器件包含 M 个转换器，每个转换器每次采样产生 N 个数据位。在一个样本中，最左边的位是最高有效位（MSB），最右边的位是最低有效位（LSB）。将样本映射到八位字节的过程如下。

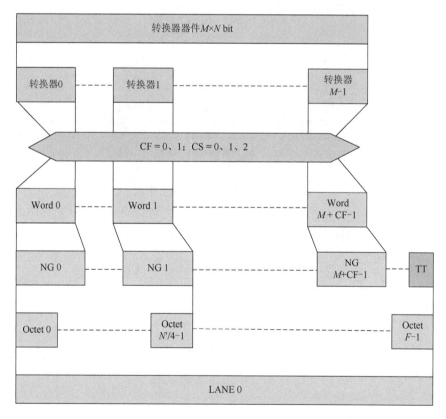

图 3.1　单通道正常采样的数据映射格式

（1）从转换器 0 至转换器 $M–1$，所有样本首先被映射到线性轴。

（2）样本被映射到单字。该映射方式由每个帧周期每个样本的控制位数量（CS）和每个链路每个帧周期控制字的数目（CF）确定。当样本不包含控制字（CF = 0）时，单字的数目与样本相同，每个样本的最低位附加相关控制位 CS 和尾比特位（tail）来形成转换字。当样本包含控制字（CF = 1）时，映射得到的单字数目为 $M + $ CF 个，每个样本的最低位只需附加尾比特位来形成转换字，而控制位则被分配到单独的控制字中。控制字的第一位对应于转换器 0 的控制位，控制字中的下一位对应于转换器 1 的控制位，以此类推。

（3）不含有 4 位的整数倍单字加上尾比特位扩展为半字节组，即图中的 NG，NG 的位数为 N'。协议规定该步骤是可选的，并且在最高通道速率优先于映射的可重构性的情况下可以被忽略。一个转换字加上控制位或尾比特位扩展到长度 N' 比特，其中 N' 必须是 4 的整数倍。当 CF = 0 时，控制位被认为是该数据字的一部分并且在数据和控制位之间不会存在一个或多个尾比特位，但是控制位后有必要存在一个或多个尾比特位。当 CF = 1 时，数据和控制位在不同的字，每个样本后面有必要存在一个或多个尾比特位。

（4）如果需要，附加尾比特位以使最后一步之后的位的总数为 8 的整数倍。

（5）将在前一步骤中获得的序列重新分组为 F 个八位字节。

图 3.2 给出了没有控制字的数据映射格式。图 3.3 给出了使用控制字的数据映射格式，使用控制字来组合控制位可以减少尾比特位的数量和帧长度。

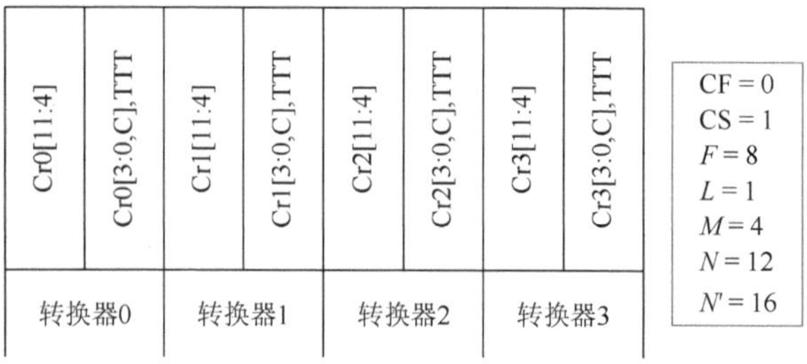

图 3.2　没有控制字的数据映射格式

图 3.3　使用控制字的数据映射格式

2. 单通道过采样的数据映射格式

单通道过采样使用的映射方式类似于没有过采样的映射，图 3.4 示出了一般原理。每个转换器的数据级联了 S 个采样样本，而不是每个转换器一个采样。

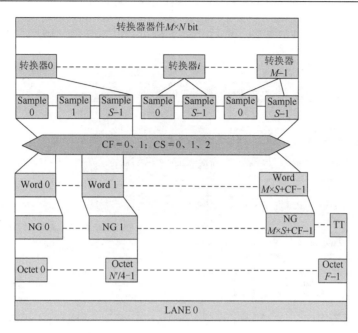

图 3.4　单通道过采样的数据映射格式

3. 多通道的数据映射格式

对于由 L 个通道组成的链路，使用与单通道相同的映射方法。然而，在最后一步中，获得一行 $L×F$ 字节。第一组 F 个八位字节在通道 0 上传输，下一组 F 个字节在通道 1 上传输等，最后的 F 个八位字节在通道 $L-1$ 上传输，如图 3.5 所示。

多通道的数据映射方式与参数 HD 有关，参数 HD 控制一个样品是否可以在更多的通道上分配。在低密度模式（HD = 0）中，每个转换器的采样样本只在一个通道内传输。在高密度模式（HD = 1）下，每个转换器的采样样本被分配到多个通道传输，如图 3.6 所示。

3.1.2　加扰协议分析

随着数字通信的不断发展，加扰器在维持数据传输信道的性能、保证接收信号恢复质量方面具有十分重要的作用。在高速数据传输系统中，为了保证传输数据中的 0 和 1 数目尽量相等，需要对传输数据进行伪随机化处理，通常称为加扰。JESD204B 协议没有强制要求数据传输必须加扰，但是明确了 JESD204B 的收发设备必须支持加扰功能。在功能上，加扰器和解扰器在 JESD204B 系统中处于传输层和链路层之间，链路中的每个通道对应一个加扰器，如图 3.7 所示。协议规定收发链路不能使用混合模式操作，即链路中某些通道能加扰，而其他的通道不加扰。加扰的主要目的是避免帧之间相同的数据字节重复时产生的频谱峰值。在敏感应用中，谱峰会导致电磁兼容性或干扰问题，影响接收信号的恢复。信号混叠还会引起数据转换器中的代码相关的直流偏移。因此，加扰可以很大程度地改善接收信号恢复的质量，能够对信号的功率谱进行扩展，使信号呈随机分布。然而，转换器中的所有数字运算（包括加扰）都会导致一定量的开关噪声，因此不加扰也存在潜在的优点。

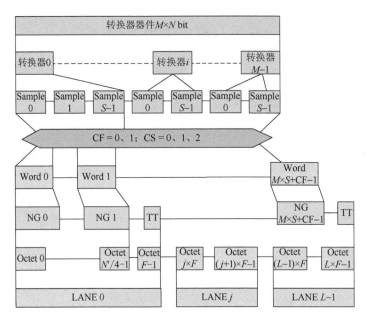

图 3.5　多通道的数据映射格式

$L = 8, M = 1, F = 1, N = 14, N' = 16, CS = 0, S = 4, HD = 1, K = 32$

图 3.6　HD = 1 的帧组装示例

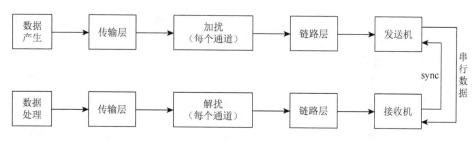

图 3.7　加解扰在系统中所处的位置

加扰电路是通过线性反馈移位寄存器（LFSR 寄存器）来实现的，JESD204B 规定的加扰多式为 $x_1 + x_{14} + x_{15}$。该多项式可以产生周期足够长（32767 位）的伪随机序列，可以满足敏感无线电应用的频谱需求，同时还允许解扰器在两个八位字节中实现自同步。加扰和解扰是逐帧处理发送和接收的数据，协议规定扰码位顺序是从帧的最高有效位开始，如图 3.8 所示。

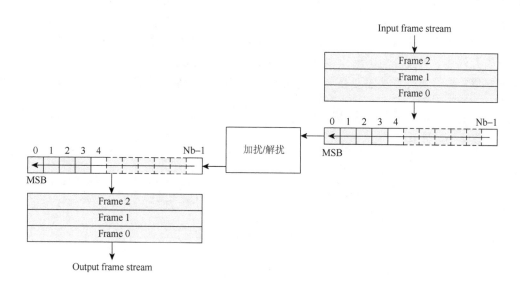

图 3.8　逐帧加扰或解扰数据

扰码器分为伪随机码扰码器和自同步扰码器。伪随机扰码器的实现原理非常简单，LFSR 寄存器的反馈输入信号与输入数据无关，只需把输入数据序列与伪随机序列异或即可得到加扰数据，电路结构如图 3.9 所示。自同步扰码器的结构与伪随机扰码稍有不同，其反馈回路与输入信号有关，如图 3.10 所示。自同步扰码器不需要对初始状态的识别和恢复，相应的解扰器设计会变得更简单，JESD204B 协议要求的加扰器是使用自同步的方法实现的。

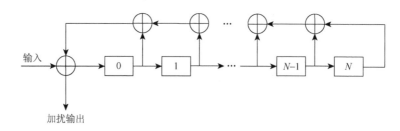

图 3.9　伪随机加扰器

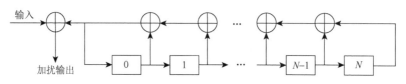

图 3.10　自同步加扰器

加扰器按实现方法可分为串行和并行两种。串行实现方式简单，但是效率低下，在高速串行数据传输系统中，时序很难满足要求。并行实现方法能够满足高速高容量数据系统要求，但是实现方法复杂，资源耗费巨大。串行加扰的过程如下：在每个时钟周期，输入的单比特数据与寄存器 13、寄存器 14 的输出异或即得到加扰输出，并且输出结果反馈到移位寄存器中，如图 3.11 所示。其中 D_n 是未加扰的输入数据，S_n 是加扰输出，都是 MSB 优先顺序。并行实现方法需要在一个周期内计算多位输入数据的扰码输出，算法设计公式如下：

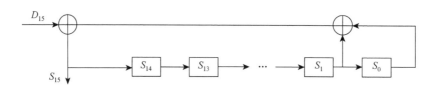

图 3.11　JESD204B 加扰器设计

$$串行更新：S_{15} = D_{15} + S_1 + S_0 \tag{3.3}$$

$$并行更新：\begin{cases} S_{31} = D_{31} + S_{17} + S_{16} \\ S_{30} = D_{30} + S_{16} + S_{15} \\ \cdots \\ S_{23} = D_{23} + S_9 + S_8 \\ S_{22} = D_{22} + S_8 + S_7 \\ \cdots \\ S_{17} = D_{17} + S_3 + S_2 \\ S_{16} = D_{16} + S_2 + S_1 \end{cases} \tag{3.4}$$

协议要求收发设备支持加扰或者不加扰，因此需要增加一个使能端口 EN 进行控制开关加扰，如图 3.12 所示。在启用加扰器之后，在加扰器和解扰器中的状态寄存器已经同步并且解扰器开始产生正确数据之前，必须接收两个八位字节。在接收机处，解扰器输入总是可以连接到 8B/10B 解码器输出，但需要进行原始和解扰数据之间的选择。

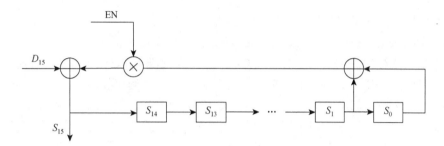

图 3.12　具有加扰使能的 JESD204B 加扰器设计

$$串行更新: S_{15} = D_{15} + EN(S_1 + S_0) \tag{3.5}$$

$$并行更新: \begin{cases} S_{31} = D_{31} + EN(S_{17} + S_{16}) \\ S_{30} = D_{30} + EN(S_{16} + S_{15}) \\ \cdots \\ S_{23} = D_{23} + EN(S_9 + S_8) \\ S_{22} = D_{22} + EN(S_8 + S_7) \\ \cdots \\ S_{17} = D_{17} + EN(S_3 + S_2) \\ S_{16} = D_{16} + EN(S_2 + S_1) \end{cases} \tag{3.6}$$

3.1.3　加扰协议分析

数据链路层是 JESD204B 协议控制器的重要组成部分，在链路层中负责完成码组同步、对齐码插入与替换、初始通道对齐、确定性延迟、8B/10B 编解码等功能。根据协议要求，在数据链路层中需要使用 8B/10B 编码表中五个控制码实现数据流的各种功能，分别为/K/、/F/、/A/、/R/和/Q/共五个控制码。在分析链路层各个模块之前，下面首先介绍五个控制码的含义和作用。

（1）/K/即/28.5/(BC)，主要用于代码组同步和逗号检测。

（2）/A/ = /K28.3/(7C)控制字符用于串行数据流中的多帧对齐，同时也作为初始通道对齐序列多帧结束位标记。

（3）/R/ = /K28.0/(1C)控制字符作为初始通道对齐序列多帧的开始位标记，如果发送机发出一个初始通道对齐序列，则/R/为传输的第一个非/K28.5/字符。

（4）/Q/ = /K28.4/(9C)控制字符只用在初始通道对齐序列中，用于指示接收机，配置数据即将开始。必须记住，这个特定的控制字符只用于初始通道对齐序列中，而不用在数据传输的任何其他阶段。

（5）/F/ = /K28.7/(FC)控制字符用于串行数据流中的帧对齐。

1. 码组同步

代码组同步属于链路层第一阶段，其实现过程如下。

（1）接收机通过拉低同步接口 SYNC 来发出同步请求。

（2）当发送机检测到低电平的 SYNC 信号时，开始发送/K/ = /K28.5/符号流。

（3）接收机同步，然后至少等待四个连续/K/符号的正确接收。

（4）接收机停止同步请求，即拉高 SYNC 信号，但该过程与工作子类有关。在子类 0 中，发送机检测到所有接收机已经停用其同步请求时仍然继续发射/K/符号，直到下一帧的开始。从下一帧开始，发送机发送初始通道对齐序列或用户数据，如图 3.13 所示。在子类 1 或子类 2 中，发送机在检测到所有接收机已经停用它们的同步请求时，发送机继续发送/K/符号，直到下一个 LMFC 边界。默认操作应该是使用下一个 LMFC 边界，但设备应该允许通过控制端口来选择后续的 LMFC 边界，如图 3.14 所示。并且在选择的 LMFC 边界之后的第一帧上，发送机发送初始通道对齐序列。

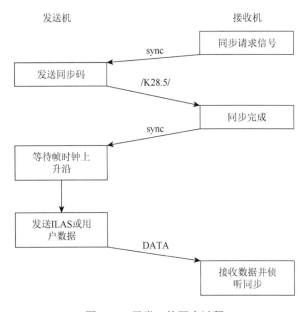

图 3.13　子类 0 的同步过程

2. 初始帧同步

在链路启动时，帧同步以下列方式实现：在代码组同步期间，发送机总是发送全帧/K28.5/逗号符号。在代码组同步之后，接收机假设第一个非/K28.5/符号标记帧的开始。如

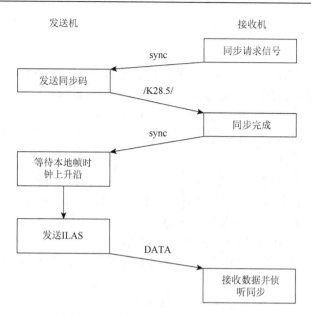

图 3.14　子类 1 或子类 2 的同步过程

果发送机发送初始通道对齐序列，则第一个非/K28.5/符号将始终为/K28.0/。接收机假定新的帧以每 F 个字节开始。

3. 对齐字符插入与替换

　　JESD204B 协议规定帧对齐是通过插入对齐字符来进行监听的，对齐字符由发送机在特定条件下插入帧尾或多帧尾，接收机通过检测该对齐字符并根据相同的机理把对齐字符替换为正常数据。与其他 Serdes 协议的帧对齐方法相比，这种实现方法具有更大的优势，因为这些对齐字符的插入不占用正常数据带宽，从而能提高整个系统的数据吞吐量。

　　协议规定对齐字符有两种，分别为帧对齐字符/F/ = /K28.7/、多帧对齐字符/A/ = /K28.3/，/F/的八位码组值是 0xFC, /A/的八位码组值是 0x7C。如果通道的收发系统都支持通道同步，则在多帧的最后一帧中使用多帧对齐字符/A/ = /K28.3/。通常，重新同步将需要在相同的意外位置处重复接收有效对准字符。然而，如果帧对齐的丢失是最近的通道重新对齐的可能结果（这可能发生在一些接收机中，如在初始通道对齐期间），则不需要在同一位置等待重复对齐字符。

　　对齐字符替换取决于是否启用加扰以及是否支持通道同步。协议规定，除 NMCDA-SL 外，所有设备类都需要支持通道同步。下面根据是否加扰和是否支持通道同步详细分析对齐字符插入与替换的过程。

　　收发通道不加扰及支持通道同步，对齐字符插入与替换如下：①当当前帧的帧尾不是多帧尾，并且等于前一帧的帧尾时，发送机将替换当前帧尾并将其编码为控制字符/F/ = /K28.7/。然而，如果在前一帧已经发送了对齐字符，则不进行对齐码替换操作；②如果当前帧的帧尾是多帧尾，并且等于前一帧的帧尾，则发送机将替换当前帧尾并将其编码为控制字符/A/ = /K28.3/。注意，即使在前一帧已经发送了对齐字符，此处仍然执行码替换操作；③当接收机接收到/F/或/A/符号时，如果该字符是控制码则使用前一帧中相同位置的数据替换当前字节，否则不需要替换。

收发通道不加扰及通道的至少一侧不支持通道同步（即 NMCDA-SL 类设备），对齐字符替换如下：①当当前帧的帧尾等于前一帧的帧尾时，发送机将用控制字符/K28.7/替换当前帧尾。然而，如果控制字符/K28.7/在前一帧已经发送，则不需要执行替换操作；②当收到一个/K28.7/符号时，接收机应该用在前一帧相同位置的数据替换当前字节，否则不需要替换。

收发通道加扰及支持通道同步，对齐字符替换如下：①当当前帧的帧尾不是多帧尾并且等于 0xFC 时，发送机应将其编码为控制字符/F/；②当当前帧的帧尾是多帧尾并且等于 0x7C 时，发送机应将其编码为控制字符/A/；③当接收到/F/或/A/符号时，接收机应将相应的数据字节 0xFC 或 0x7C 输入解扰器。

收发通道加扰及通道的至少一侧不支持通道同步（即 NMCDA-SL 类设备），对齐字符替换如下：①当当前帧中的帧尾等于 D28.7 时，发送机将替换为/K28.7/；②当接收到一个/K28.7/符号时，接收机应将 D28.7 输入解扰器。

4. 对齐字符插入与替换

初始通道同步是在用户有效数据开始之前进行的。JESD204B 初始通道同步过程遵循其他标准，如 XAUI 标准。在一个明确的时间点上，所有发送机都会发出专用的通道对齐字符/A/ = /K28.3/。由于不同的通道延迟，接收机将在不同的时间接收到这些对齐字符。当接收到/A/字符时，每个接收机将后续数据存储在接收弹性缓冲器中，并向其他接收机发出接收就绪的指示信号，指示缓冲器包含有效的对齐起始点。当所有接收机已经发出接收就绪指示标志时，它们开始将接收到的数据传播到后续数据处理逻辑。

初始通道同步是通过在代码组同步之后立即开始的初始通道对齐序列来实现的。协议规定初始通道对齐序列不得被加扰。由 ADC 发送的初始通道对齐序列正好由四个多帧组成。子类 1 和子类 2 DAC 所需的初始通道对齐序列也恰好由四个多帧组成。但具有多个子类 0 DAC 器件的配置可能需要额外的多帧以实现通道对齐。因此，在逻辑器件中，初始通道对齐序列的长度应当是从 4 到至少 256 个多帧。多帧被定义为一组 K 个连续帧，其中 K 为 1～32，并且使得每个多帧的八位字节的数量在 17～1024：

$$\text{ceil}(17 / F) \leqslant K \leqslant \min(32, \text{floor}(1024 / F)) \tag{3.7}$$

JESD204B 发送机设备中，K 的值应是可编程的。在 JESD204B 接收机设备中，建议 K 的值也是可编程的。JESD204 接收机设备应明确规定其在发送机设备中设置因子 K 的要求或建议。

初始通道对齐序列的结构如图 3.15 所示。初始通道对齐序列中每个多帧以控制码/R/ = /K28.0/开始，以控制码/A/ = /K28.3/结束。其中/A/控制符用于通道和帧同步。第二个多帧包含了从发送机到接收机的 JESD204 链路配置信息，以/Q/ = /K28.4/的控制字符标记配置参数的开始。根据协议要求，链路配置参数包括 14 个字节，如表 3.2 所示。在通道同步期间，JESD204B 发送机通过初始通道对齐序列把这些配置参数传送到接收机。即使这些参数是通过链路传送到接收机的，但是接收机也不会用这些值来设置自己的配置参数，接收机必须使用单独的输入配置端口。不过接收机可以利用这些链路发送的参数，来验证发送机和接收机配置是否相同。这是通过比较经由链路发送的参数值的校验和及接收机参数值的检验和来实现的。如果校验和（checksum）不匹配，则通过中断报错。

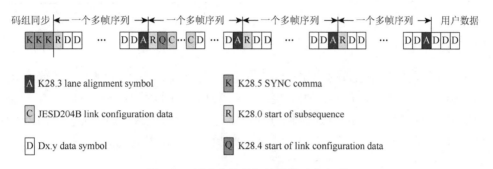

图 3.15　四个多帧的初始通道对齐序列

表 3.2　链路配置参数

配置参数	位宽	描述
ADJCNT	4	调整 DAC LMFC 的调整分辨率步数。仅子类 2 使用
ADJDIR	1	调整 DAC LMFC 的方向。0 表示超前，1 表示延迟。仅子类 2 使用
BID	4	BANK ID
CF	5	每个链路每个帧周期控制字的数目
CS	2	每个样本中控制位的数目
DID	8	器件识别号码
F	8	每帧中字节的数目
HD	1	高密度格式
JESDV	3	JESD204 的版本。000 代表 JESD204A，001 代表 JESD204B
K	5	每个多帧中帧的数目
L	5	每个转换器中通道的数目
LID	5	链路中通道的识别号
M	8	每个器件中转换器的数目
N	5	转换器的分辨率
N'	5	每个样本中位宽的总数
PHADJ	1	DAC 相位调节请求。仅子类 2 使用
S	5	每个帧周期每个转换器采样样本的数目
SCR	1	加扰使能
SUBCLASSV	3	器件子类版本号。000 表示子类 0，001 表示子类 1，010 表示子类 2
RES1	8	预留区域

配置参数	位宽	描述
RES2	8	预留区域
CHKSUM	8	所有配置参数的校验和

5. 8B/10B 编码器

8B/10B 编码器是由 IBM 公司的 Widmer 和 Franaszek 于 1983 年首先提出的，并在高速串行接口领域得到广泛应用。在以太网、光纤通信、PCIE、SATA、USB3.0、RapidIo 等高速串行通信协议中，8B/10B 编码方式被证明具有很强的鲁棒性，使得接口不再需要传输帧时钟和数据时钟，可实现的串行数据速率更高，JESD204B 协议也规定使用 8B/10B 编码方法。8B/10B 编码具有以下几个特点：①每一个编码至少有 3～8 次的 0/1 转换，足够的位转换密度可以保证接收端的时钟恢复；②编码表中额外添加的控制码可以满足协议中的特殊应用；③编码后 10 位数据中 0 或 1 的数量基本一致，连续的 0 或 1 不会超过 5 位，具有直流平衡的特点；④编码后的 10 位数据有 1024 种可能的码型，其中只有 536 种有效码字，具有检测位比特数据错误的能力。

8B/10B 编码器可以直接使用查找表来实现，设计原理简单，但是需要耗费大量资源。还有一种方法是通过逻辑电路来实现，需要根据编码规律推导出逻辑表达式并化简。根据 8B/10B 的编码原理可知，为了保证数据映射规则变得简单及直流平衡，数据的低 5 位被编码为 6 位码组（5B/6B 编码），高 3 位被编码为 4 位码组（3B/4B 编码），编码生成的 4 位和 6 位子码组再组合成 10 位的编码值。

8B/10B 编码中数据符号通常称为 Dx.y，其中 x 的范围为 0～31，y 的范围为 0～7。同时，编码标准也定义了额外的 12 个特殊符号（或控制字符），通常称为 Kx.y，并且具有与任何 Dx.y 符号不同的编码，主要用于逗号检测、指示帧起始、帧结束、链路空闲等状态。8B/10B 编码方案是把 8 位数据分成两个子码组：3 个最高有效位（y）和 5 个最低有效位（x）。8 位输入码字按顺序排列，从最高有效位到最低有效位分别记为 H、G、F 和 E、D、C、B、A。3 位的子码组 HGF 编码成 4 位，记为小写的 j、h、g、f；5 位的子码组 EDCBA 编码成 6 位，记为小写的 i、e、d、c、b、a，其映射关系如图 3.16 所示。在 4 位和 6 位子码组中，当 0 和 1 的个数相等时，此类编码称为完全平衡码。由于 4 位和 6 位的两个子码组都是偶数个位数，而不平衡度不可能是 +1 或 -1，因此，在 8B/10B 编码方案中还要使用不平衡度为 +2 或 -2 的值。在编码过程中，用一个极性偏差（running disparity，RD）参数表示不平衡度，其中一个称为 RD-，表示 1 的个数比 0 的个数多 2 个，另一个称为 RD+，表示 0 的个数比 1 的个数多 2 个。为了避免编码结果出现 5 个以上的连续 0 或 1，从而影响代码的直流平衡，5B/6B、3B/4B 的编码极性需要交叉变换，如表 3.3 所示。本书设计的 8B/10B 编码器使用逻辑电路方式实现，首先通过 5B/6B 的编码规律求出 i、e、d、c、b、a 每一个逻辑表达式，同时根据初始极性和编码极性产生下一个编码极性，其次通过 3B/4B 编码规律求出 j、h、g、f 的逻辑表达式并产生下一个编码极性。

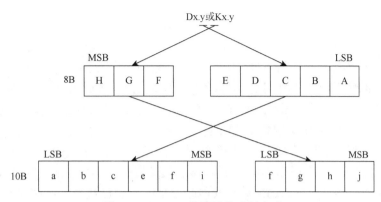

图 3.16　8B/10B 编码器的映射方式

表 3.3　极性切换规则

上一个 RD	6B/4B 编码极性	极性选择	下一个 RD
−1	0	0	−1
−1	±2	+2	+1
+1	0	0	+1
+1	±2	−2	−1

3.1.4　确定性延迟

　　许多 JESD204 系统包含分布在不同时钟域上的各种数据处理元件，这些元件通过接口连接会导致模糊延迟。这些模糊性导致不同的上电周期或链路重新同步时产生不可重复的延迟。JESD204A 及以前的版本协议没有提供使接口等待时间确定的机制。但 JESD204B 为此目的提供了两种可能的机制，定义为子类 1 和子类 2 操作。本书只介绍子类 1 机制下如何实现确定性延迟。

　　链路上的确定性延迟定义为从发送机设备（ADC 或者 FPGA）上基于并行帧数据输入接收机设备（DAC 或 FPGA）上基于并行帧数据输出所需的时间，如图 3.17 所示。链路上该延迟通常以帧时钟或者器件时钟来测量，应该至少与帧时钟周期一样小以及在链路中是可编程的，并且可以在不同的上电周期或者跨链路重新同步时是可重复的。

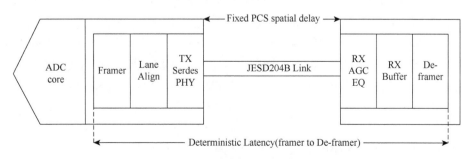

图 3.17　确定性延迟示意图

为了实现链路上的确定性延迟,协议规定了以下两个要求:①在所有的发送机设备中,所有通道必须在明确定义的时刻同时启动 ILAS 生成,这还确保了所有通道在 ILAS 之后的用户数据在明确定义的时刻同时被发起。在发送机设备中的 ILAS 生成(以及因此的用户数据生成)的明确定义的时刻是在检测到 SYNC 上升沿之后的第一个 LMFC 边沿。虽然发送机设备必须能够在检测到 SYNC 上升沿之后在第一个 LMFC 边沿上生成 ILAS,但是设备还需要支持在延后的 LMFC 边沿生成 ILAS,以在启动 ILAS 序列之前等待。②在接收机设备中,每个通道必须使用接收缓冲器缓冲输入数据,以考虑 TX Serdes 通道、物理通道和 RX Serdes 通道之间的延迟偏斜。接收缓冲器必须在明确定义的时刻同时释放所有通道数据。接收缓冲器释放的明确定义的时刻是在 LMFC 边界之后的可编程帧周期数。这个可编程的帧周期数称为接收缓冲延迟(RBD)。

上述的 ILAS 生成和接收缓冲器释放的明确定义时刻发送机和接收机设备中的 LMFC 相关。因此,以最小不确定性实现确定性等待时间取决于在发送机和接收机设备内尽可能精确地对准 LMFC。为了实现协议中确定性延迟的更好性能,系统设计者必须遵守以下要求:①多帧的长度必须大于任何链路上的最大可能延迟;②RBD×Tf(帧周期)的值必须大于任何链路上的最大可能延迟;③RBD 的值,以帧周期为单位,必须在 $1 \sim K$。这三个要求的目的是确保 RBD 足够大,以保证发送数据在接收弹性缓冲器释放之前已经到达所有通道的缓冲器。

JESD204B 链路的确定性延迟要求接收设备能够缓冲所有通道上的输入 ILA 或用户数据,直到可以释放接收弹性缓冲区。链路上的延迟可以表示为

$$\text{Delay}_{\text{LINK}} = \Delta T_{\text{LMFC}} = \text{TX delay} + \text{Lane Delay} + \text{RX delay}$$

TX delay:从并行 TX ILAS 生成(其与 LMFC 边界对齐)到在 TX Serdes 输出处出现 ILA 的延迟。Lane Delay:跨越外部物理通道的延迟。RX delay:从 RX Serdes 输入弹性缓冲器输出的延迟。ILAS 的起始点或用户数据的起始点将出现在弹性缓冲器输出处,并且等于 LMFC 边界加上 RBD 帧周期。ΔT_{LMFC}:链路上的总延迟,可以表示为在 TX LMFC 上升沿 ILAS 或者用户数据的起始点被写入链路到接收弹性缓冲器在 RX LMFC + Tf * RBD 边沿释放 ILAS 或者用户数据的延迟。

对于子类 1 器件,在发送机和接收机设备内创建正确对齐的 LMFC 信号是使用指定为 SYSREF 的信号实现的,该信号必须分配给所有转换器和逻辑器件。协议建议 SYSREF 信号和器件时钟产生使用同一器件,同时使用与器件时钟一样的信号形式传输高精度的 SYSREF 信号,这样可以使得系统中的延迟不确定性最小化。

由于允许的 SYSREF 信号类型多种多样(单脉冲、周期性或"有间隙"周期性),各种时钟发生器设备不一定都支持各种类型的 SYSREF,为了适应系统在正常操作期间将 SYSREF "关闭",对子类 1 设备的适用要求如下。①RX 逻辑器件应能够发出"生成 SYSREF"请求,使能时钟发生器(或其他 SYSREF 生成器件)为系统中的所有器件生成一个或多个 SYSREF 脉冲。如果使能,则在 SYNC~接口上发出重新同步请求的任何时候都应发出"generate SYSREF"请求。②TX 逻辑器件应能够发出"生成 SYSREF"请求,使能时钟发生器(或其他 SYSREF 生成器件)为系统中的所有器件生成一个或多个 SYSREF

脉冲。如果使能，则每当链路在 SYNC_接口上检测到重新同步请求时，将发出"generate SYSREF"请求。③TX 和 RX 设备应该能够基于下一个检测到的 SYSREF 脉冲来确定是否调整本帧和多帧时钟的相位对齐。此功能的实现由设计者自己决定，但协议给出了三个可能的选项：ⓐ每个 SYSREF 脉冲可以由设备检查以确定 LMFC 和帧时钟的现有相位对准是否需要调整。ⓑ可以使用控制接口来指示设备是否使用下一个SYSREF脉冲来强制LMFC和本地帧相位对准。ⓒ可以使用控制接口来指示设备忽略所有未来的 SYSREF 脉冲。

应当注意，对于子类 1 设备，基于 SYSREF 的 LMFC 和帧时钟相位重新对准仅在设备正在初始化或者链路已经表现出故障并请求重新同步请求的情况下是必需的。此外，子类 1 设备必须符合与 SYSREF 时序相关的要求，发送机和接收机设备应规定从器件时钟边沿（对其采样 SYSREF）到 LMFC 上升沿的确定性延迟。

对于需要确定性等待时间等于整个多帧周期的应用，RBD 的值应设置为 K。这迫使接收弹性缓冲区完全在 LMFC 边界上释放。图 3.18 提供了说明这种情况的时序图。在图 3.18 中，假设发送机和接收机具有从 SYSREF 采样上升沿到 LMFC 上升沿的相同器

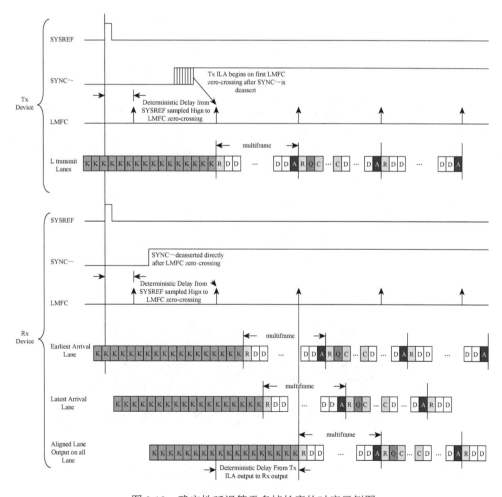

图 3.18　确定性延迟等于多帧长度的时序示例图

件时钟周期延迟（实际上是会有偏斜的）以及器件时钟相位对齐，则收发设备中具有相同 LMFC。当接收机设备已在所有通道上实现代码组同步时，它将在任何后续 LMFC 上升沿拉高 SYNC~ 输出。不久之后，发送机设备采样到 SYNC~ 的上升沿，并且在随后的 LMFC 上升沿（在图中使用第一个可用 LMFC 上升沿）开始发送 ILAS 序列。接收机设备将检测所有通道上的 ILAS 序列的开始，并且将该数据缓存到每通道接收弹性缓冲器。在下一个 LMFC 上升沿，RX 设备将检测所有通道上是否存在有效的 ILAS 数据，并释放所有弹性缓冲器。从接收机设备输出的数据在 JESD204B 链路上与 1 个多帧的固定等待时间对齐。

　　对于需要不同确定性等待时间的应用，如试图最小化链路上的延迟或所需的接收弹性缓冲器，RBD 的值应小于 K。图 3.19 提供了说明此场景的时序图。在图中，同样假设发送机和接收机设备具有从 SYSREF 采样上升沿到 LMFC 上升沿的相同帧周期延迟和相同

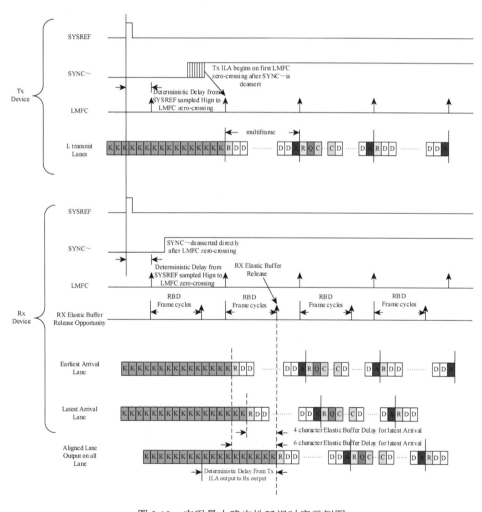

图 3.19　实现最小确定性延迟时序示例图

的器件时钟，则在收发器件中具有相同的 LMFC。然而，在该示例中，接收设备使用 RBD<
K 来提供未与 LMFC 边界对准的接收弹性缓冲器的释放时间点。当接收设备已在所有通道上实现代码组同步时，它将在任何后续 LMFC 上升沿拉高 SYNC～输出。不久之后，发送机设备采样到 SYNC_信号的上升沿，并且在随后的 LMFC 上升沿（在图中使用第一个可用 LMFC 上升沿）开始发送 ILAS 序列。接收设备然后将检测所有通道上的 ILAS 序列的开始，并且将该数据缓冲到每通道弹性缓冲器。在下一个释放时间点（即在 LMFC 上升沿之后的 RBD 帧时钟周期），接收设备将检测到在所有通道上存在有效 ILAS 数据，并且将释放所有弹性存储缓冲器。从 RX 设备输出的数据与跨越 JESD204B 链路的 RBD 帧周期的固定等待时间对准。

3.2　JESD204B 发送端的数字电路设计

3.2.1　设计指标

根据 JESD204B 协议的要求，发送机协议控制器主要实现数据组帧、加扰、对齐控制符插入与替换、初始通道对齐序列产生、8B/10B 编码等功能。本书设计的 JESD204B 发送机协议控制器的设计指标如下。

（1）符合 JESD204B 规范。

（2）支持单通道串行数据速率 12.5 Gbit/s。

（3）支持 JESD204B 规范中子类 0 和子类 1。

（4）支持确定性延迟、支持多通道同步。

（5）支持发送两个双通道 14 位 250 MSPS ADC 的数据。

3.2.2　整体架构设计

1. JESD204B 发送机协议控制器功能电路划分

按照 JESD204B 规范要求，JESD204B 发送机协议控制器主要由传输层、链路层两部分组成。本书设计的 JESD204B 协议控制器的整体架构如图 3.20 所示。传输层由帧组装器和测试模式数据两部分组成，链路层包括加扰器、对齐字符插入与替换、K 码产生器、初始通道对齐序列产生器、8B/10B 编码器，整个系统还包括 SYSREF/SYNC 边沿采样、FC/LMFC 计数器、状态机、SPI 从机。

2. JESD204B 发送机顶层接口描述

JESD204B 发送机协议控制器的顶层接口信号描述如表 3.4 所示。

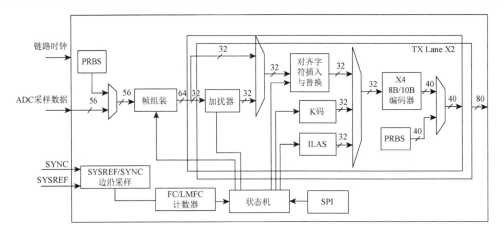

图 3.20　JESD204B 发送机协议控制器的整体架构

表 3.4　顶层接口描述

信号名称	位宽	方向	描述
tx_clk	1	Input	器件时钟产生的链路时钟
txdata_in	56	Input	两个双通道 14 位 ADC 的采样数据
txdata_to_phy	80	Output	8B/10B 编码数据输出
rst_tx	1	Input	JESD204B 发送机链路复位
txsync	1	Input	JESD204B 发送机 SYNC 信号输入
sysref_in	1	Input	JESD204B 发送机 SYSREF 信号输入
SPI_CLK	1	Input	SPI 时钟
SPI_RSTN	1	Input	SPI 复位信号
CS_	1	Input	从器件使能信号，由主器件控制；低电平有效
MOSI	1	Input	主输出从输入
MISO	1	Output	主输入从输出

3.2.3　JESD204B 发送机传输层设计

　　根据样本大小和系统要求，传输层可能需要增加控制位和结束位，形成半字节组（nibble group）。这些半字节组按照帧或 8 位字排列，在此基础上，帧数据发送到数据链路层。JESD204B 链路配置参数决定采样数据组帧和解帧成为 8 位字节的方式，以及如何分配数据到 JESD204B 逻辑通道。由前面的协议分析可以知道，帧组装器与 M、S、L、N、N'、CF、CS、HD、F 等参数相关，但是并非所有转换器器件都必须支持配置参数的全部组合，各器件的数据手册会规定支持哪些配置参数组合，这些组合通常称为 JESD204B 模式。有些 JESD204B 链路配置参数是相互依存的。ADI 多数的 ADC 的 L、M、F、N、K、CS 和 N' 参数由用户根据系统需求设置，S、HD 和 CF 则自动设置。

在协议控制器中，通过传输层和数据链路层的数据一般都是并行的，而并行数据总线的宽度取决于帧组装器的架构。一般地，当 JESD204B 串行通道速率增加时，帧组装器并行数据的位宽也会增加，从而使得数字处理时钟速率保持在可控水平。对于串行比特率超过 6 Gbit/s 的器件，一般采用 quad byte 的并行 32 位数据传输。本次设计的组帧器使用 32 位数据的并行数据总线，即在 JESD204B 协议规定的最高 12.5 Gbit/s 的串行速率下，数字处理模块只需工作在 312.5MHz（12.5 GHz/40）。

JESD204B 协议未规定控制位的使用方法，可以使用控制位来表示 ADC 的超量程、欠量程或有效数据等状态，因此用它们传输什么信息完全取决于系统设计需求。转换器采样时钟和 JESD204B 系统时钟是相互关联的，JESD204B 把输入参考时钟称为器件时钟，数据转换器要么直接用器件时钟采样，要么使用器件时钟分频得到的时钟采样。很多厂商转换器的采样时钟和帧时钟是一样的，这样可以大大缩小系统时钟方案的设计。同时要注意，当增加器件中转换器的数目 M 时，结果会提高链路通道的速率，而增加通道数目 L 则会降低通道速率。

本设计支持四个 250 MSPS、14 bit 的 ADC 数据组装，即 $M = 4$，$N = 14$。由于链路层采用 4 字节的并行数据传输，所以 N' 始终等于 16。同时为了简化系统时钟方案设计，S 始终等于 1 使得转换器采样时钟和帧时钟可以共用一个时钟，F 始终等于 4 使得链路时钟和帧时钟可以共用一个时钟。本设计使用双通道进行数据传输，即 $L = 2$。根据以上参数可以计算通道速率：

$$通道速率 = \frac{M \times S \times N' \times \dfrac{10}{8} \times FC}{L} = \frac{2 \times 1 \times 16 \times \dfrac{10}{8} \times 250}{2} = 5 \,(Gbit/s)$$

四通道 ADC 的采样数据映射方式如图 3.21 所示。四个转换器的四个采样样本 S_M3、S_M2、S_M1、S_M0 由高到低组成 56 位的数据，并行送入帧组装器中，由于 S 等于 1，所以 56 位数据的时钟速率为 250MHz。在默认情况下，来自每个转换器（ADC）的 14 位采样数据被拆分为两个字节（8 位数据），第 13 位到第 6 位组成首字节，由第 5 位至第 0 位采样数据、控制位及尾比特位填充组成第二个字节。根据 JESD204B 协议要求，尾比特位可以配置为 0、伪随机码等，控制位可以表示 ADC 的超量程、欠量程或有效数据等状态。组装后生成 16 字节数据，平均 4 字节分配到每个通道，Oct0、Oct1、Oct2、Oct3 分配给 lane0，Oct4、Oct5、Oct6、Oct7 分配到 lane1，以此类推。在本设计中控制位可以根据系统设计需求设置，而尾比特位只填充 0。由于帧组装器和链路层使用并行的 32 位数据传输，所以分配到每个通道的数据量刚好是一个帧长度，即链路的时钟和帧时钟是一样的，所以不需要分频处理。

帧组装器端口描述如表 3.5 所示。控制位 Cs 可以配置为 0、1 或 2，Cs_Data 是控制位数据输入，根据系统设计需求来确定。在本设计中，由于链路通道 L 和 ADC 的分辨率 N 是固定的，所以 l、n、f 的参数都是不可配置的。

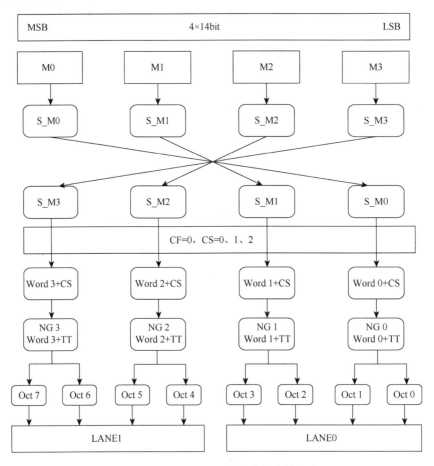

图 3.21　四通道 ADC 采样数据映射方式

表 3.5　帧组装器的端口描述

信号名称	位宽	方向	描述
Assem_Clk	1	Input	帧时钟输入，等于链路时钟
AssemData_In	56	Input	帧组装数据输入
AssemData_Out	64	Output	帧组装数据输出
AssemRst_N	1	Input	帧组装器复位信号，低电平复位
Cs	2	Input	帧组装器的控制位输入
Cs_Data	2	Input	帧组装器的控制位数据输入
l	5	Input	通道数量配置参数
n	5	Input	ADC 分辨率
f	8	Input	每帧字节数目

帧组装的算法流程图如图 3.22 所示。根据本设计的参数配置要求，器件中 ADC 的数目 M 为 4，分辨率 N 为 14，所以帧组装器输入数据为 56 位，每 14 位数据为一个采样样本，

根据协议要求把每一个采样样本映射为字，因此定义一个 64 位的 AssemData_tmp[63：0]的中间变量，首先把 AssemData_In[13：0]赋值给 AssemData_tmp[15：2]，然后根据控制 Cs 的配置来决定是否需要添加控制位，不需要则使用尾比特位填充，这里的尾比特位设置为 0。以此类推，经过四次循环即可完成 56 位 AssemData_In 的映射。

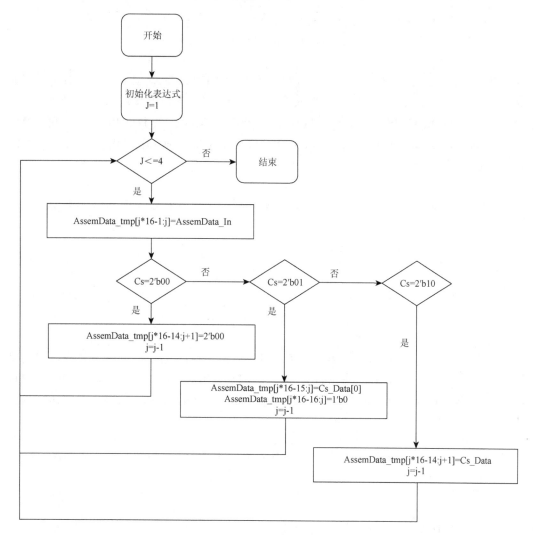

图 3.22   帧组装器的算法流程图

当 Cs = 2′b00 时，帧组装器在映射为字节阶段不使用控制位输入，其仿真波形如图 3.23 所示。这里根据仿真波形分析转换器 0 的 14 位采样数据映射为字节的过程，输入数据 AssemData_In[13：0] = 14′h11_1010_0100_0100，尾比特位为 2′b00，则 AssemData_In_Tmp[15：0] = {AssemData_In[13：0], 2′b00} = 16′b1110_1001_0001_0000。

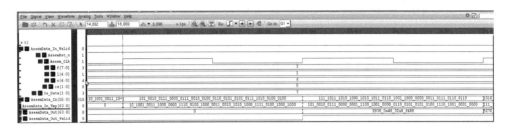

图 3.23　Cs = 0 时的帧组装输出

当 Cs = 2′b01 时，帧组装器在映射为字节阶段使用一位控制位输入，其仿真波形如图 3.24 所示。这里根据仿真波形分析转换器 0 的 14 位采样数据映射为字节的过程，输入数据 AssemData_In[13：0] = 14′h11_1101_0010_0010，控制位 Cs_Data[0] = 1′b1，尾比特位 1′b0，则 AssemData_In_Tmp[15：0] = {AssemData_In[13：0]，Cs_Data[0]，1′b0} = 16′b1111_0100_1000_1010

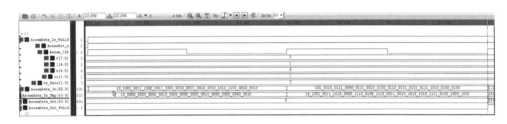

图 3.24　Cs = 1 时的帧组装输出

仿真波形如图 3.25 所示。这里根据仿真波形分析转换器 0 的 14 位采样数据映射为字节的过程，输入数据 AssemData_In[13：0] = 14′h11_1101_0010_0010，控制位 Cs_Data[1：0] = 2′b11，则 AssemData_In_Tmp[15：0] = {AssemData_In[13：0]，Cs_Data} = 16′b1111_0100_1000_1011。

图 3.25　Cs = 2 时的帧组装输出

3.2.4　JESD204B 发送机链路层功能电路设计

1. 加扰器设计

根据前面的协议分析可知加扰电路是通过线性反馈移位寄存器来实现的，加扰多项式

为 $x_1 + x_{14} + x_{15}$，并且是采用自同步的加扰器结构，如图 3.26 所示。

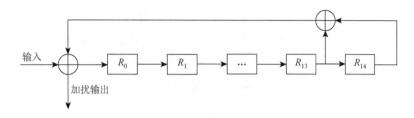

图 3.26　JESD204B 自同步加扰器

　　JESD204B 协议附录 D[21]给出了 8 位、16 位的并行加扰实现例子，并行实现方式主要分为两个步骤：①每个时钟周期内同时计算多位加扰输出；②更新移位寄存器的初始值。以 16 位并行加扰为例，一个周期同时完成 16 位的加扰计算，算法如下：设第 n 周期 15 位移位寄存器的初始值为 $R_n[14:0]$，输入位 $D_n[15:0]$，则第 $n+1$ 个周期加扰输出的结果为

$$S_{n+1}[0] = R_n[14] \oplus R_n[13] \oplus D_n[0]$$
$$\cdots$$
$$S_{n+1}[13] = R_n[1] \oplus R_n[0] \oplus D_n[13] \qquad (3.8)$$
$$S_{n+1}[14] = R_n[0] \oplus S_{n+1}[0] \oplus D_n[14]$$
$$S_{n+1}[15] = S_{n+1}[0] \oplus S_{n+1}[1] \oplus D_n[15]$$

　　第 $n+2$ 周期时 R 的初始值为 $S_{n+1}[15:1]$。

　　由于链路层的数据位宽为 32 位，并且为了满足 JESD204B 协议规定 12.5 Gbit/s 的速率要求，本书采用 32 位并行自同步加扰的设计方法且支持加扰使能。32 位数据加扰顺序采用 Big-endian 方式，即按照 octet0、octet1、octet2、octet3 先后顺序，并且以每个字节的 MSB 位开始计算。32 位并行加扰实现算法如下：假设第 n 个周期输入数据为 $D_n[31:0]$，当前周期移位寄存器的初始状态值 $R_n[14:0]$，对应的加扰输出 $S_n[31:0]$。则 octet0、octet1、octet2、octet3 的并行加扰输出分别如下所示：

$$\begin{cases} S_n[7] = R_n[14] \oplus R_n[13] \oplus D_n[7] \\ \cdots \\ S_n[1] = R_n[8] \oplus R_n[7] \oplus D_n[1] \\ S_n[0] = R_n[7] \oplus R_n[6] \oplus D_n[0] \end{cases}$$

$$\begin{cases} S_n[15] = R_n[6] \oplus R_n[5] \oplus D_n[15] \\ \cdots \\ S_n[10] = R_n[1] \oplus R_n[0] \oplus D_n[10] \\ S_n[9] = R_n[0] \oplus S_n[7] \oplus D_n[9] \\ S_n[8] = S_n[7] \oplus S_n[6] \oplus D_n[8] \end{cases}$$

$$\begin{cases} S_n[23] = S_n[6] \oplus S_n[5] \oplus D_n[23] \\ \cdots \\ S_n[18] = S_n[1] \oplus S_n[0] \oplus D_n[18] \\ S_n[17] = S_n[0] \oplus S_n[15] \oplus D_n[17] \\ S_n[16] = S_n[15] \oplus S_n[14] \oplus D_n[16] \end{cases}$$

$$\begin{cases} S_n[31] = S_n[14] \oplus S_n[13] \oplus D_n[31] \\ \cdots \\ S_n[26] = S_n[9] \oplus S_n[8] \oplus D_n[26] \\ S_n[25] = S_n[8] \oplus S_n[23] \oplus D_n[25] \\ S_n[24] = S_n[23] \oplus S_n[22] \oplus D_n[24] \end{cases}$$

按照这个算法可以在一个周期内完成所有 32 位输入数据的加扰输出。根据并行算法实现的步骤②可知，在一个周期完成 32 位数据加扰输出外，还需更新线性移位寄存器的状态值，以供下一个周期使用。根据加扰器的移位顺序可知，移位寄存器的下一个周期前的状态值为 $R[14:0] = \{S_n[32:16], S_n[31:24]\}$。加扰器的仿真结果如图 3.27 所示，根据协议要求 15 位的线性移位寄存器 s_shift_reg[15：0]的初始值设置为 15'h00ff，加扰器在加扰使能的状态下每个时钟完成 32 位加扰输出并且把{scram_data_out[22：16]，scram_data_out[31：24]}赋值给 s_shift_reg[15：0]。

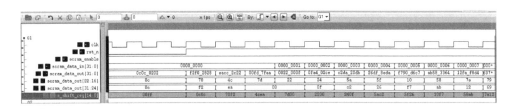

图 3.27　加扰器的仿真结果

2. 对齐码插入与替换

JESD204B 协议规定只在用户数据中插入对齐码，对齐码包括帧对齐码 F 和多帧对齐码 A。根据第 2 章对齐码插入与替换的原理分析可知，该模块主要与链路配置参数中的加扰使能、是否支持通道对齐两个参数有关，对齐码插入与替换的算法实现流程图如图 3.28 所示。其中是否加扰、是否支持通道同步的选择信号由顶层配置产生，而其他所需的选择信号则由 JESD204B 发送机的状态控制器产生。该模块的设计要点主要有以下几点：①根据系统配置判断是否加扰和支持通道同步；②根据状态机产生的指示信号判断该字节是否多帧帧尾或帧尾；③根据帧尾信号以及输入数据判断上一帧尾是否已发生码替换；④根据帧尾信号以及输入数据判断该字节是否等于 F 码或 A 码。

当然，并不是每一次替换过程都经过上述的四个状态，而是根据参数配置选择相应的替换步骤。整个对齐码插入与替换的电路结构图如图 3.29 所示，由于本设计中所有模块的数据位宽都是 32 位的，所以帧尾及多帧帧尾的标记信号位宽是四位的。首先根据 eof 和

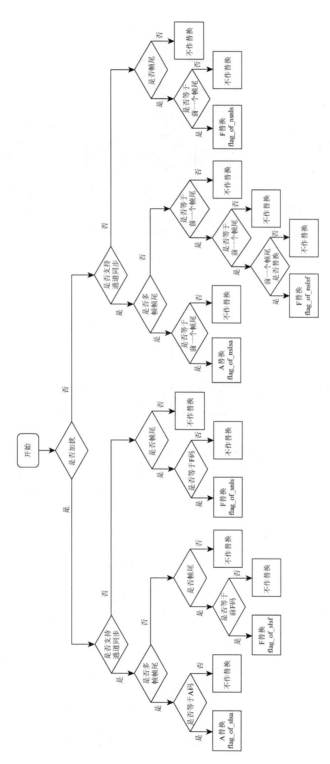

图 3.28　对齐码插入与替换的选择框图

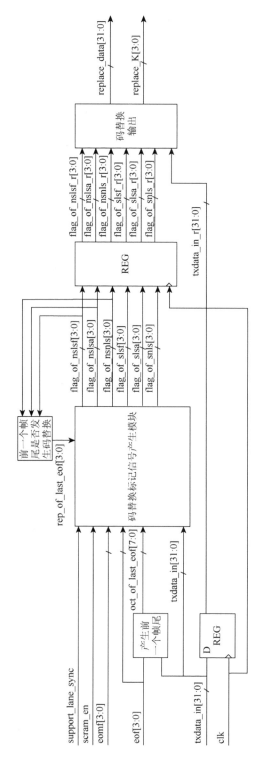

图 3.29 对齐码插入与替换的电路结构图

输入数据产生前一个帧尾数据 oct_of_last_eof[7：0]，然后在码替换标记信号产生模块中产生 flag_of_nslsf、flag_of_nslsa、flag_of_nsnls、flag_of_slsf、flag_of_slsa、flag_of_snls 六个码替换标记信号。注意，flag_of_nslsf 表示不加扰、支持通道同步、多帧尾的码替换标记信号；flag_of_nslsa 表示不加扰、支持通道同步、帧尾的码替换标记信号；flag_of_nsnls 表示不加扰、不支持通道同步的码替换标记信号；flag_of_slsf 表示加扰、支持通道同步、帧尾的码替换标记信号；flag_of_slsa 表示加扰、支持通道同步、多帧帧尾的码替换标记信号；flag_of_snls 表示加扰、不支持通道同步的码替换标记信号。协议规定在不加扰情况下，该字节码替换的操作模式还与前一帧尾是否发生替换有关，所以需要根据 flag_of_nslsf、flag_of_nslsa、flag_of_nsnls 这三个不加扰的标记信号产生前一帧尾是否发生了码替换的指示信号 rep_of_last_eof[3：0]。

　　对齐码插入与替换模块的端口信号如表 3.6 所示。其中 txdata_in 是帧组装模块的输出数据，support_lane_sync 和 scram_en 信号由系统配置输入，帧尾标记信号 eof[3：0]和多帧尾标记信号 eomf[3：0]由状态控制器产生。

表 3.6　对齐码插入与替换的端口描述

信号名称	位宽	方向	描述
clk	1	Input	时钟输入，等于链路时钟
txdata_in	32	Input	用户数据输入，如果加扰，则是加扰器输出数据
eof	4	Input	帧尾标记信号
emof	4	Input	多帧尾标记信号
scram_en	1	Input	加扰使能输入信号
support_lane_sync	1	Input	通道同步使能信号
replace_data	32	Output	码替换数据输出
replace_k	4	Output	控制码极性标记信号

　　该模块的仿真结果如图 3.30 所示，其中的配置是不加扰、支持通道同步。从图中可以看出，帧尾标记信号 eof[3：0] = 4′b1000 说明 txdata_in[31：24]是帧数据的帧尾。第一帧的输入数据为 aaaa_aaaa，第二帧的输入数据为 aaaa_ffff，所以 flag_of_nslsf 有效并且完成 FC 控制码的替换，即第二帧替换后的数据为 fcaa_aaaa。

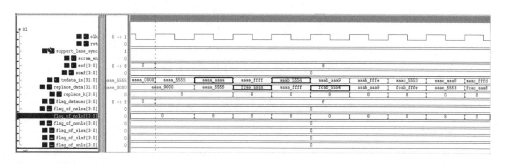

图 3.30　对齐码插入与替换的仿真结果

3. K 码及 ILAS 产生器

ILAS 产生器的实现方法如图 3.31 所示。其中 flag_sta_of_cfg，flag_datacfg，flag_sta_of_mf_ilas，flag_end_of_mf_ilas，flag_dataxy 的具体含义在表 3.7 给出，这些信号都是由发送机的状态控制器产生的。Q 码、R 码、A 码、K 码则是模块里面预先定义好，dummy_data、cfg_data 由外部输入。dummy_data 是一种斜坡数据，用于填充 ILAS 序列中的冗余位置。cfg_data 是根据顶层配置产生的 14 字节链路配置参数，通过 ILAS 中第二个多帧发送给接收机。在系统初始化阶段完成后，flag_sta_of_cfg，flag_datacfg，flag_sta_of_mf_ilas，flag_end_of_mf_ilas，flag_dataxy 这些信号是一直处于无效状态，所以该模块一直输出 K 码。等到码组同步过程完成后，系统才进入 ILAS 阶段或数据阶段，此时 flag_sta_of_cfg，flag_cfg_data，flag_sta_of_mf_ilas，flag_end_of_mf_ilas，flag_dataxy 这些信号会陆续使能，从而完成 ILAS 的产生过程。

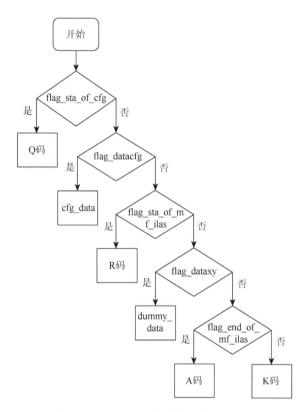

图 3.31 K 码及 ILAS 产生器的选择框图

表 3.7 K 码及 ILAS 产生器的端口描述

信号名称	位宽	方向	描述
flag_sta_of_cfg	4	Input	链路配置参数开始标记（Q 控制码的位置）
flag_datacfg	4	Input	链路配置参数数据位置的标记（14 个字节的配置参数）

续表

信号名称	位宽	方向	描述
flag_sta_of_mf_ilas	4	Input	每个 ILA 多帧开始的标记（R 码位置的标记）
flag_dataxy	4	Input	每个 ILA 多帧中冗余数据位置标记
flag_end_of_mf_ilas	4	Input	每个 ILA 多帧结束的标记（A 码位置的标记）
dummy_data	32	Input	每个 ILA 多帧中冗余数据（斜坡数据）
cfg_data	32	Input	根据顶层配置产生的 14 字节配置参数数据
ilas_gen	32	Output	初始通道对齐序列输出（包括 K 码）
ilas_k_gen	4	Output	ILAS 中控制码极性标记信号

　　该模块只实现组合逻辑运算,大部分输入信号由状态机给出,仿真结果如图3.32～图3.34所示。从图中可以看出，在不同状态指示信号下产生四个多帧的 ILAS，码组同步完成后在当 flag_sta_of_mf_ilas 有效时开始 ILAS 的传输，图 3.34 是 ILAS 中的第二个多帧，前四个周期包含了所有链路配置参数。

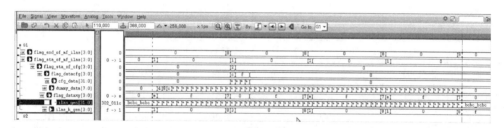

图 3.32　ILAS 中的四个多帧

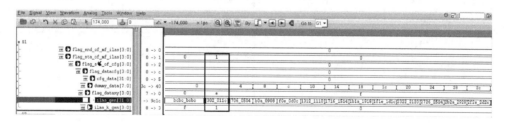

图 3.33　K 码及 ILAS 中的第一个多帧

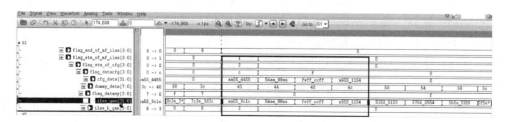

图 3.34　ILAS 中的第二个多帧

4. 8B/10B 编码器设计

本书的 8B/10B 编码器使用逻辑电路实现，首先根据 5B/6B 编码表（表 3.8）求得 a、b、c、d、e、i 的逻辑表达式以及极性输出 RD_6，然后根据 3B/4B 编码表及 RD_6 求得 f、g、h、j 逻辑表达式及总极性输出 RD_{out}。

表 3.8　5B/6B 编码表

输入		RD = −1	RD = + 1	输入		RD = −1	RD = + 1
	EDCBA	abcdei			EDCBA	abcdei	
D.00	00000	100111	011000	D.16	10000	011011	100100
D.01	00001	011101	100010	D.17	10001	100011	
D.02	00010	101101	010010	D.18	10010	010011	
D.03	00011	110001		D.19	10011	110010	
D.04	00100	110101	001010	D.20	10100	001011	
D.05	00101	101001		D.21	10101	101010	
D.06	00110	011001		D.22	10110	011010	
D.07	00111	111000	000111	D.23	10111	111010	000101
D.08	01000	111001	000110	D.24	11000	110011	001100
D.09	01001	100101		D.25	11001	100110	
D.10	01010	010101		D.26	11010	010110	
D.11	01011	110100		D.27	11011	110110	001001
D.12	01100	001101		D.28	11100	001110	
D.13	01101	101100		D.29	11101	101110	010001
D.14	01110	011100		D.30	11110	011110	100001
D.15	01111	010111	101000	D.31	11111	101011	010100
				K.28	11100	001111	110000

1）5B/6B 编码

从 5B/6B 编码表中可以发现完全平衡码有 D.03、D.05、D.06、D.09、D.10、D.11、D.12、D.13、D.14、D.17、D.18、D.19、D.20、D.21、D.22、D.25、D.26、D.28 共 18 个，极性不平衡码有 D.00、D.01、D.02、D.04、D.07、D.08、D.15、D.16、D.23、D.24、D.27、D.29、D.30、D.31、K.28 共 15 个。从编码表中可以分析出 5B/6B 编码具有以下特点：①完全平衡码中的 ABCDE 与 abcde 具有一一对应的关系；②D.07、D.23、D.27、D.29、D.30、K.28 这 6 个不平衡码，当 RD = −1 时，ABCDE 与 abcde 具有一一对应关系；③D.01、D.02、D.04、D.08、D.24 这 5 个不平衡码，当 RD = −1 时，ABCDE 与 abcde 具有互为反码关系；④D.00、D.15、D.16、D.31 是剩余的 4 个编码。

首先根据极性对不平衡码进行分类如下：Disp0 = D.00、D.01、D.02、D.04、D.08、D.15；Disp1 = D.07；Disp2 = D.24；Disp3 = D.16、D.23、D.27、D.29、D.30、D.31、K.28。

根据上面的分析可知，对于 a 的取值来说，Disp0 和 Disp2 属于同一类，即在该类中 A 与 a 的取值互为反码，同理，Disp1 和 Disp3 属于同一类，A 与 a 的取值是一一对应的。所以此处假设 X6 = Disp0|Disp2，Y6 = Disp1|Disp3|K，其他属于完全平衡码，输入数据只能是这三种码型的其中一种，所以 X6 和 Y6 不能同时为 1。为了求出 a 的逻辑表达式，首先需要列出真值表，如表 3.9 所示。

表 3.9　a 的真值表

RD（−/＋）	X6	Y6	A	a
0	0	0	0	0
0	0	0	1	1
0	0	1	0	1
0	0	1	1	0
0	1	0	0	0
0	1	0	1	1
0	1	1	0	无效
0	1	1	1	无效
1	0	0	0	0
1	0	0	1	1
1	0	1	0	0
1	0	1	1	1
1	1	0	0	1
1	1	0	1	0
1	1	1	0	无效
1	1	1	1	无效

根据真值表进行卡诺图化简得到：

$$a = \mathrm{RD}\bar{x}A + \mathrm{RD}x\bar{A} + \overline{\mathrm{RD}}\bar{y}A + \overline{\mathrm{RD}}y\bar{A} = A(\mathrm{RD}\bar{x} + \overline{\mathrm{RD}}\bar{y}) + \bar{A}(\mathrm{RD}x + \overline{\mathrm{RD}}y)$$

又因为

$$\overline{\mathrm{RD}x + \overline{\mathrm{RD}}y} = \mathrm{RD}\bar{x} + \overline{\mathrm{RD}}\bar{y} + \overline{xy} = \mathrm{RD}\bar{x} + \overline{\mathrm{RD}}\bar{y} \quad （根据逻辑运算规则可以直接消掉 \overline{xy}）$$

从而根据以上两式可以得到：

$$a' = \bar{A} \oplus \overline{\mathrm{RD}x + \overline{\mathrm{RD}}y}$$

假设 B 与 b 之间对应关系和 A 与 a 之间的对应关系完全相同，所以根据上面已经求出的 a 的等式可以得到 b 等式如下：$b = \bar{B} \oplus \overline{\mathrm{RD}x + \overline{\mathrm{RD}}y}$。又根据 5B/6B 编码表可以知道

D.00、D.15、D.16、D.31 中 b 的取值与直接通过上述等式求出来的值不一致，而是与 $b = \overline{B} \oplus \overline{\mathrm{RD}x + \overline{\mathrm{RD}y}}$ 求出的值存在异或关系，如表 3.10 所示。

表 3.10 b 的真值表

	RD（−/+）	X6	Y6	B	$b = \overline{B} \oplus \overline{\mathrm{RD}x + \overline{\mathrm{RD}y}}$	b（编码表）
D.00	0	0	1	0	1	0
	1	0	1	0	0	1
D.15	0	0	1	1	0	1
	1	0	1	1	1	0
D.16	0	1	0	0	0	1
	1	1	0	0	1	0
D.31	0	1	0	1	1	0
	1	1	0	1	0	1

所以增加修正项可以得到新的 b 逻辑表达式如下：

$$b' = \overline{B} \oplus \overline{\mathrm{RD}x + \overline{\mathrm{RD}y}} \oplus (\mathrm{D.00} + \mathrm{D.15} + \mathrm{D.16} + \mathrm{D.31})$$

同理，根据 5B/6B 编码表可以知道 D.00、D.16、D.24 中 c 的取值与 $c = \overline{C} \oplus \overline{\mathrm{RD}x + \overline{\mathrm{RD}y}}$ 求出的值存在异或关系，所以增加修正项可以得到 c 的逻辑表达式如下：

$$c' = \overline{C} \oplus \overline{\mathrm{RD}x + \overline{\mathrm{RD}y}} \oplus (\mathrm{D.24} + \mathrm{D.00} + \mathrm{D.16})$$

根据 5B/6B 编码表可以知道 D.15、D.31 中 d 的取值与 $d = \overline{D} \oplus \overline{\mathrm{RD}x + \overline{\mathrm{RD}y}}$ 求出的值存在异或关系，所以增加修正项可以得到 d 的逻辑表达式如下：

$$d' = \overline{D} \oplus \overline{\mathrm{RD}x + \overline{\mathrm{RD}y}} \oplus (\mathrm{D.15} + \mathrm{D.31})$$

根据 5B/6B 编码表可以知道 D.01、D.02、D.04、D.08、D.24 中 e 的取值与 $e = \overline{E} \oplus \overline{\mathrm{RD}x + \overline{\mathrm{RD}y}}$ 求出的值存在异或关系，所以增加修正项可以得到 e 的逻辑表达式如下：

$$e = \overline{E} \oplus \overline{\mathrm{RD}x + \overline{\mathrm{RD}y}} \oplus (\mathrm{D.01} + \mathrm{D.02} + \mathrm{D.04} + \mathrm{D.08} + \mathrm{D.24})$$

为了求出 i 的值，假设所有的完全平衡码的 i 为 0，在 RD = 0（即 RD−）情况下，X6 类码型输入的 i 输出为 0，Y6 类码型的 i 取值为 1，所以可以得到真值表 3.11，当 X6 = Y6 = 0 时表示完全平衡码状态。

表 3.11 i 的真值表

RD（−/+）	X6	Y6	i
0	0	0	0
0	0	1	1
0	1	0	0
0	1	1	无效
1	0	0	0

RD（−/+）	X6	Y6	i
1	0	1	0
1	1	0	1
1	1	1	无效

由以上真值表，通过卡诺图化简得到 i 的等式为

$$i = \mathrm{RD}x + \overline{\mathrm{RD}}y$$

但又由 5B/6B 编码表可以知道，完全平衡码中 D.03、D.05、D.06、D.09、D.10、D.12、D.18、D.17、D.20 以及当 RD = −1 时 X6 类中 D.16、D.31、K.28 中的 i 取值并不是上面假设的 0，而是 1。所以需要对 i 的等式进行修正如下：

$$i' = (\mathrm{RD}x + \overline{\mathrm{RD}}y) \oplus (\mathrm{D}.12 + \mathrm{D}.06 + \mathrm{D}.03 + \mathrm{D}.05 + \mathrm{D}.09 + \mathrm{D}.10$$
$$+ \mathrm{D}.16 + \mathrm{D}.20 + \mathrm{D}.19 + \mathrm{D}.17 + \mathrm{D}.31 + \mathrm{K}.28)$$

根据初始极性 $\mathrm{RD}_{\mathrm{in}}$ 和 5B/6B 编码类型产生下一个极性输出 RD_6，当输入的 5 位数据是完全平衡码时，RD_6 的输出不变，而当输入的是 X6、Y6 类码型时 RD_6 的输出需要反向。RD_6 的真值表如表 3.12 所示。

表 3.12　RD_6 的真值表

$\mathrm{RD}_{\mathrm{in}}$	X6	Y6	RD_6
0	0	0	0
0	0	1	1
0	1	0	1
0	1	1	无效
1	0	0	1
1	0	1	0
1	1	0	0
1	1	1	无效

根据以上真值表可以求得 RD_6：

$$\mathrm{RD}_6 = \mathrm{RD}_{\mathrm{in}}\,\overline{xy} + \overline{\mathrm{RD}_{\mathrm{in}}}\,x + \overline{\mathrm{RD}_{\mathrm{in}}}\,y = \mathrm{RD}_{\mathrm{in}} \oplus (\mathrm{X}6 + \mathrm{Y}6)$$

2）3B/4B 编码

根据 3B/4B 编码表（表 3.13）可以得到完全平衡码有 D.x1、D.x2、D.x5、D.x6，不平衡码有 D.x0、D.x3、D.x4、D.xP7、D.xA7、K.x0、K.x1、K.x2、K.x3、K.x4、K.x5、K.x6、K.x7。下面对不平衡码进行分类：Disp4 = D.x0、D.x4、K.x0、K.x4；Disp5 = D.x3、D.xP7、D.xA7、K.x3、K.x7；Disp6 = K.x1、K.x2、K.x5、K.x6。由于协议控制器中数据位宽为 32 位，所以需要使用 4 个 8B/10B 编码器级联来实现 4 个字节数据的编码，如图 3.35 所示。8B/10B 编码器端口描述如表 3.14 所示。

表 3.13　3B/4B 编码表

Input		HGF	RD = −1	RD = +1	Input		HGF	RD = −1	RD = +1
			fghj					fghj	
D.x.0		000	1011	0100	K.x.0		000	1011	0100
D.x.1		001	1001		K.x.1		001	0110	1001
D.x.2		010	0101		K.x.2		010	1010	0101
D.x.3		011	1100	0011	K.x.3		011	1100	0011
D.x.4		100	1101	0010	K.x.4		100	1101	0010
D.x.5		101	1010		K.x.5		101	0101	1010
D.x.6		110	0110		K.x.6		110	1001	0110
D.x.P7		111	1110	0001	K.x.7		111	0111	1000
D.x.A7		111	0111	1000					

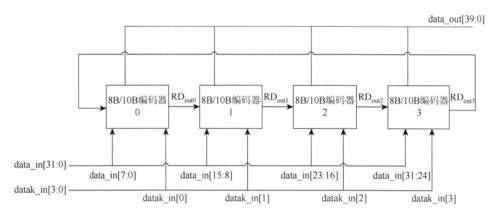

图 3.35　32 位并行 8B/10B 编码器

表 3.14　8B/10B 编码器端口描述

信号名称	位宽	方向	描述
clk	1	Input	时钟输入，等于链路时钟
rst_n	1	Input	复位信号，低电平有效
data_in	32	Input	32 位数据输入
datak_in	4	Input	控制字符标记信号
data_out	40	Output	编码后的数据输出
valid	1	Output	数据有效信号

　　32 位数据经过 8B/10B 编码后的仿真结果如图 3.36 所示，由于 data_in = 32'hbcbcbcbc 是控制码，所以 datak_in = 4'hf。又因为初始极性为 RD−，所以根据 8B/10B 编码表可以得到低八位 bc 编码后的结果为 10'h17c。下一个 bc 编码需要极性变换，所以编码结果为 10'h283，以此类推可以得到 32'hbcbcbcbc 的编码结果为 40'ha0d7ca0d7c。

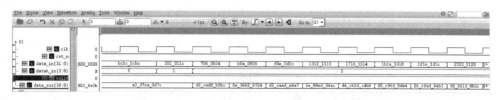

图 3.36　32 位数据的 8B/10B 编码结果

5. 可测试性设计

在本设计中，所有测试数据都将使用 PRBS（pseudo random binary sequence，伪随机二进制序列）。PRBS 是一种可以预先确定并可以重复地产生和复制，又具有随机统计特性的二进制序列。在 JESD204B 协议中主要使用 PRBS7、PRBS15、PRBS23、PRBS31 这四种类型序列，其作用主要是可以用来测试内部电路的功能是否正确，同时也可以用于高速 serdes 中眼图测试、误码率测试和抖动容限测试等。PRBS 序列一般都是通过线性反馈移位寄存器和异或电路来产生的，多项式决定哪几位进行异或运算。伪随机码的重复周期与所使用的多项式有关，如 PRBS7 最长可以产生 127 bit（2^7-1），理论上来说，7 bit 的二进制码，一共有 2^7 个不同组合。但是，如果码流中全部为 0，经过异或运算，输入到寄存器第一位的值始终等于零，这样移位寄存器将会一直输出为零，从而使得移位寄存器被锁死，所以移位寄存器中初始值不能全部为 0。另外，PRBS7 码流中最长的连续 1 的个数为 7，最长的连续 0 的个数为 6。127 bit 的连续码流中，一共有 64 个 1，63 个 0。同理，PRBSn 码长为 2^{n-1} 个 1，$2^{n-1}-1$ 个 0。JESD204B 协议使用到的 PRBS 码的本原多项式如下：

$$PRBS7 = x^7 + x^6 + 1$$
$$PRBS7 = x^7 + x^6 + 1$$
$$PRBS23 = x^{23} + x^{18} + 1$$
$$PRBS31 = x^{31} + x^{28} + 1$$

本书采用 56 位并行的设计方法，每个周期内完成 56 位数据输出，同时产生下一个周期移位寄存器的初始值。56 位伪随机码发生器的整体框图如图 3.37 所示，其中通过 PRBS_SEL[1：0]来选择 PRBS 码型，PRBS_EN 作为使能端口。PRBS 产生器端口描述如表 3.15 所示。仿真结果如图 3.38 所示。

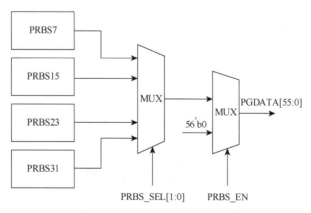

图 3.37　56 位伪随机码发生器

表 3.15　PRBS 产生器端口描述

信号名称	位宽	方向	描述
TXDPCK	1	Input	时钟输入，等于帧时钟
TXRSTN	1	Input	复位信号，低电平有效
PRBS_SEL	2	Input	码型选择信号
PRBS_EN	1	Input	伪随机码产生使能信号
PGDATA	56	Output	伪随机码输出

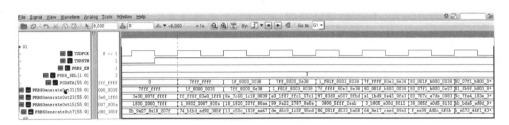

图 3.38　PRBS 产生器的仿真结果

3.2.5　JESD204B 发送机状态控制器设计

状态控制器是整个系统的核心内容之一。根据系统总体框架设计要求，该模块主要是根据链路的配置参数产生相应的状态控制信号，以供数据链路层功能模块使用，包括 flag_datausr、flag_sta_of_cfg、flag_datacfg、flag_sta_of_mf_ilas、flag_end_of_mf_ilas、flag_dataxy 等这些信号。该模块的设计原理图如图 3.39 所示。主要分为三个部分：sysref 和 sync 边沿检测、FC/LMFC 计数器、状态机。

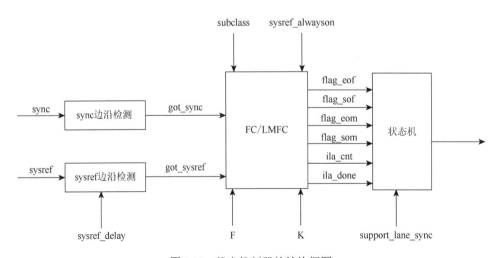

图 3.39　状态控制器的结构框图

sync 边沿检测后产生 got_sync 信号，使用两个寄存器来检测 sync 边沿，可以降低亚稳态发生的概率，检测电路结构模块如图 3.40 所示。根据协议的要求，协议控制器需要具有内部对 sysref 信号进行可编程延迟的能力，所以在 sysref 边沿检测模块加入了延迟控制端口 sysref_delay[3：0]，最多可以进行 16 个链路时钟的延迟。sysref 边沿检测的电路结构图如图 3.41 所示。

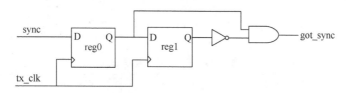

图 3.40 检测 sync 边沿电路

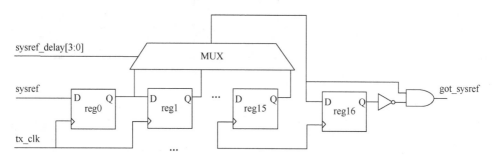

图 3.41 检测 sysref 边沿及延迟电路

FC/LMFC 计数器模块的电路结构如图 3.42 所示。根据协议要求，当发送机工作在子类 1 模式下时，其需要检测 sysref 信号才能够复位 LMFC 计数器，并且协议还规定 sysref 信号可以存在三种状态：单脉冲、多周期脉冲、有间隙脉冲。所以产生的复位信号与发送机工作的子类（subclass）和 sysref 状态相关。当工作在子类 0 时只需检测到 sync 边沿即可复位时钟计数器，同时本设计中加入 sysref_alwayson 端口来控制是否在每一个 sysref 脉冲都会复位 LMFC 计数器。当该信号为 0 时，计数器只在检测到的第一个 sysref 信号复位 LMFC 计数器，忽略后面的所有 sysref 信号脉冲。由于本设计是采用总线位宽为

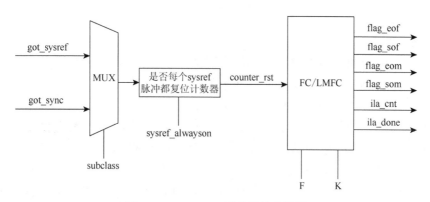

图 3.42 FC/LMFC 计数器结构框图

32 的设计方法，所以 FC 和 LMFC 计数器分别定义为深度为 4、宽度为 10 的数组。FC 和 LMFC 与发送机的 F 和 K 参数配置相关。例如，当 $F=0$ 时（每帧有一个字节），每一个字节就是一个帧，所以 FC 计数器一直为 0。当 $F=1$ 时（每帧有 2 字节），FC 为 0 1 0 1。当 $F=2$ 时，如表 3.16 所示。当 $F=4$ 时，如表 3.17 所示。同理，LMFC 的计数器也一样。但 LMFC 的长度大于 4 字节，所以 LMFC 的初始位 LMFC[0：3][9：0] = 0 1 2 3。通过 FC/LMFC 计数器产生 flag_eof，flag_sof，flag_som，flag_eom。

表 3.16　$F=2$ 的计数方式

FC 计数器	周期 0	周期 1	周期 2	周期 3
FC[0][9：0]	0	1	2	0
FC[1][9：0]	1	2	0	1
FC[2][9：0]	2	0	1	2
FC[3][9：0]	0	1	2	0

表 3.17　$F=4$ 的计数方式

FC 计数器	周期 0	周期 1	周期 2	周期 3
FC[0][9：0]	0	4	3	2
FC[1][9：0]	1	0	4	3
FC[2][9：0]	2	1	0	4
FC[3][9：0]	3	2	1	0

根据协议分析可以知道，JESD204B 发送机链路建立过程一般分为三个阶段或者两个阶段。第一个阶段是码组同步，第二个阶段是初始通道对齐序列产生，第三个阶段是用户数据阶段。当然，如果发送机的顶层配置不支持通道同步，则不需要经过第二个阶段。一般情况下，第二个阶段的初始通道对齐序列为四个多帧，其中第二个多帧包含了 14 个字节发送机的链路配置数据。四个多帧中每一个多帧以 R 码标记多帧的开始，以 A 码标记多帧的结束，其中第二个多帧中还以 Q 码标记配置数据的开始，其余的数据位使用冗余数据填充，这些冗余数据一般使用斜坡数据。所以状态机的状态定义如下。

①s0_k：发送 K 码，码组同步阶段。

②s1_r：初始通道对齐序列中除了第二个多帧以外所有多帧开始标记。

③s2_dataxy：初始通道对齐序列中冗余数据位置标记。

④s3_a：初始通道对齐序列每一个多帧结束标记。

⑤s4_rq：初始通道对齐序列第二个多帧开始标记，包含了链路配置参数开始标记。

⑥s5_cfgdata1、s6_cfgdata2、s7_cfgdata3：链路配置参数位置标记。

⑦s8_usrdata：用户数据阶段标记。

整个状态转换图如图 3.43 所示，状态机的输入信号有 got_sync、flag_som、flag_eom、ilas_cnt、ilas_done、support_lane_sync，输出信号有 flag_datausr、flag_k、flag_sta_of_cfg、 flag_datacfg、flag_start_of_mf_ilas、flag_end_of_mf_ilas、flag_dataxy、cfg_count、dat_count、end_of_frame、start_of_frame、start_of_multiframe、end_of_multiframe。其中，got_sync 由 sysref 和 sync 边沿检测模块产生，flag_som、flag_eom、ilas_cnt、ilas_done 由 FC/LMFC 计数器产生，support_lane_sync 由顶层配置端口输入。发送机复位后，状态机进入 s0_k 状态，此时 flag_k 输出有效，从而指示 K 码产生器一直输出 K 码。当码组同步完成时，接收端把 sync 拉高，此时 sync 边沿检测模块把 got_sync 置高。如果发送机工作在子类 1，则在检测到 sysref 边沿后 FC/LMFC 开始复位计数，从而使得 flag_som、flag_eom 有效。当状态机处于 s0_k 状态时，如果 got_sync、flag_som、support_lane_sync 同时有效，则状态机的下一状态将进入 s1_r 状态，表示系统已进入发送 ILAS 阶段。如果 got_sync、flag_som 有效，而 support_lane_sync 无效，则表示系统不支持通道同步，所以根据协议要求不需要发送 ILAS，而是直接进入发送用户数据阶段，即下一状态跳转为 s8_usrdata。根据 ILAS 的结构可以知道，除了第二个多帧，其他所有多帧都是以 R 码开始，剩余数据位填充斜坡数据，最后以 A 码标记结束。所以状态机在 s1_r 状态后，紧接着下一状态进入 s2_dataxy 状态，表示填充斜坡数据。在 s2_dataxy 状态中，如果 flag_eom 有效，则进入 s3_a 状态，表示多帧结束。如果在 s3_a 状态中检测到 ilas_cnt 等于 2，则进入 s4_rq 状态；如果 ilas_done 为 0，则继续回到 s1_r，开始发送 ILAS 的下一个多帧，默认长度是 4 个多帧；在其他条件下，将从 s3_a 进入 s8_usrdata 状态。ilas_cnt 是 ILAS 多帧的计数器，等于 2 表示第二个多帧。根据协议要求，第二个多帧中的链路配置参数长度是 14 字节，需要三个周期即三个状态

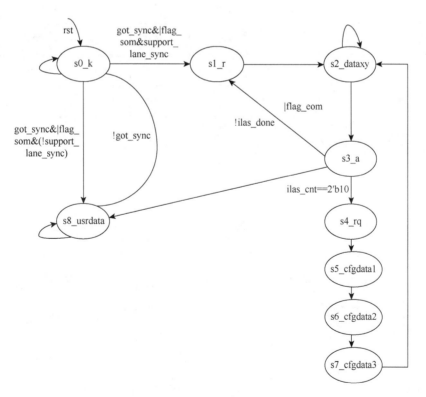

图 3.43　状态机设计

来表示链路配置参数的位置。所以当状态机处于 s4_rq 状态时，紧接着连续进入三个链路配置参数状态 s5_cfgdata1、s6_cfgdata2、s7_cfgdata3。在 s8_usrdata 状态中，如果 got_sync 拉低，表示系统进入重同步状态，所以状态跳转到 s0_k，开始发送 K 码。

　　各状态下输出信号赋值操作如表 3.18 所示。在 s0_k 状态中，只有 flag_k 有效，而其他输出信号一直为 0。在 s1_r 状态下，只有多帧开始数据和冗余数据，所以 flag_start_of_mf_ilas = 4′b0001 表示最低 8 位的数据标记多帧的开始，flag_dataxy = 4′b1110 表示剩余的三个字节是冗余数据位。在 s2_dataxy 状态下，只有冗余数据，所以 flag_dataxy = 4′b1111 有效。在 s3_a 状态下，只有多帧结束数据和冗余数据，所以 flag_end_of_mf_ilas = 4′b1000 表示最高 8 位的数据标记多帧的结束，flag_dataxy = 4′b0111 表示剩余的三个字节是冗余数据位。在 s4_rq 状态下，包括了多帧开始标记、配置参数开始标记以及配置参数，所以 flag_start_of_mf_ilas = 4′b0001，flag_sta_of_cfg = 4′b0010，flag_datacfg = 4′b1100。在 s5_cfgdata1、s6_cfgdata2、s7_cfgdata3 状态下，只有链路配置数据，所以 flag_datacfg = 4′b1111。

表 3.18　各状态下输出信号赋值操作

	flag_k	flag_start_of_mf_ilas	flag_end_of_mf_ilas	flag_sta_of_cfg	flag_datacfg	flag_dataxy	flag_datausr	cfg_count
s0_k	4′b1111	4′b0000	4′b0000	4′b0000	4′b0000	4′b0000	4′b0000	5′b00000
s1_r	4′b0000	4′b0001	4′b0000	4′b0000	4′b0000	4′b1110	4′b0000	5′b00000
s2_dataxy	4′b0000	4′b0000	4′b0000	4′b0000	4′b0000	4′b1111	4′b0000	5′b00000
s3_a	4′b0000	4′b0000	4′b1000	4′b0000	4′b0000	4′b0111	4′b0000	5′b0010（ilas_cnt = 2）
s4_rq	4′b0000	4′b0001	4′b0000	4′b0010	4′b1100	4′b0000	4′b0000	5′b0110（ilas_cnt = 2）
s5_cfgdata1	4′b0000	4′b0000	4′b0000	4′b0000	4′b1111	4′b0000	4′b0000	5′b1010（ilas_cnt = 2）
s6_cfgdata2	4′b0000	4′b0000	4′b0000	4′b0000	4′b1111	4′b0000	4′b0000	5′b1110（ilas_cnt = 2）
s7_cfgdata3	4′b0000	4′b0000	4′b0000	4′b0000	4′b1111	4′b0000	4′b0000	5′b00000
s8_usrdata	4′b0000	4′b0000	4′b0000	4′b0000	4′b0000	4′b0000	4′b0000	5′b00000

　　仿真结果如图 3.44～图 3.46 所示。

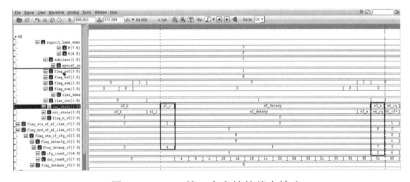

图 3.44　ILAS 第一个多帧的状态输出

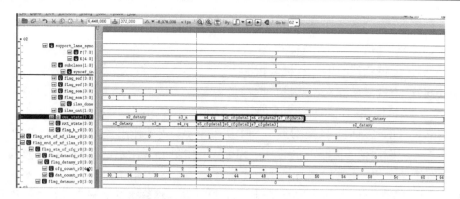

图 3.45　ILAS 第二个多帧的状态输出

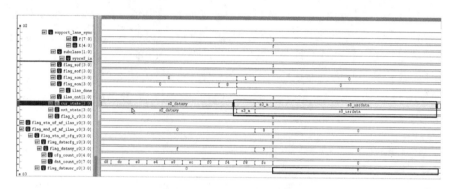

图 3.46　数据阶段的状态输出

3.2.6　SPI 从机设计

SPI（serial peripheral interface，串行外围设备接口）是一种基于时钟同步的高速全双工串行通信总线。SPI 总线通常只包含 3 根或 4 根信号线，芯片引脚占用数量很少，基本上所有的 SOC 芯片均包含 1 个或多个 SPI。SPI 总线采用主从模式（master slave）架构，支持多从机模式应用，但实际芯片通常仅支持单从机。SPI 的总线架构如图 3.47 所示。

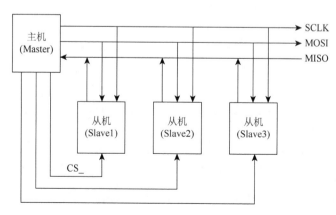

图 3.47　SPI 总线示意图

SPI 共有 4 根信号线，引脚信号的具体含义如下。

①SCLK：时钟信号，由主机产生。

②MOSI：主机数据输出，从机数据输入。

③MISO：主机数据输入，从机数据输出。

④CS_：从机使能信号，由主机控制。

在本书设计的系统中，只使用到了 SPI 从机模块，主要作用是完成 JESD204B 发送机的参数配置和相应信号的捕获。本书设计 SPI 从机如图 3.48 所示，根据系统配置需求，读写地址的宽度是 7 位，最多可以寻址 128 个寄存器，读写数据的宽度是 16 位，另外还有一位读写标记位。所以 SPI 从机中定义了一个 24 位的输入移位寄存器来完成写操作过程，定义一个 16 位的输出移位寄存器来完成读操作。写操作时序如图 3.49 所示，在 SCLK 上升沿处 MOSI 移位输入到 shift_in_reg 寄存器中，同时计数器也开始计数，然后根据计数器数值首先获得写使能信号和写地址，最后把 16 位的写数据写入写地址对应的寄存器中。读操作时序如图 3.50 所示，同理，在 SCLK 上升沿处 MOSI 移位输入到 shift_in_reg 寄存器中，同时计数器开始计数，然后根据计数器的数值获得读使能信号和读地址，其次把读地址对应的 16 位数据输入到 shift_out_reg 中，最后在 SCLK 上升沿处 MISO 从 shift_out_reg 移位输出。

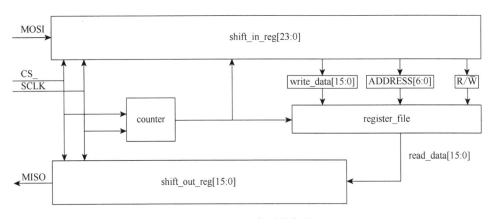

图 3.48　SPI 从机总体框图

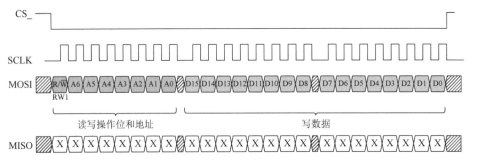

图 3.49　SPI 从机写操作时序

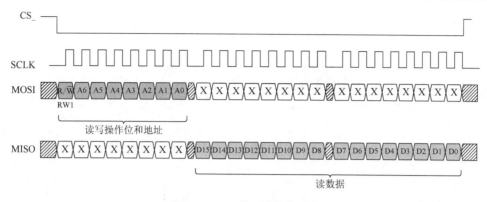

图 3.50　SPI 从机读操作时序

SPI 从机写操作的仿真结果如图 3.51 所示，是对 8′h13 地址的寄存器写入 16′h5555 数据。

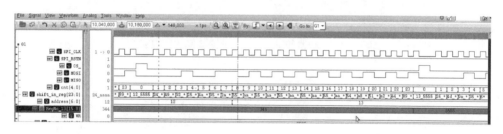

图 3.51　写操作仿真结果

SPI 从机读操作的仿真结果如图 3.52 所示，是对 8′h03 地址的寄存器读出 16′b0000_1100_0010_000 数据。

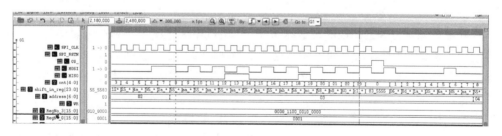

图 3.52　读操作仿真结果

3.2.7　时钟数据接口规范

满足建立时间和保持时间的时序要求是数字电路正常工作的前提，特别是在同步时序电路中。在 JESD204B 发送机中，协议控制器作为一个子模块，其需要与 ADC、PHY 进行数据交互，所以必须规范它们之间的接口时序。本书对其接口时序进行了规定，图 3.53 是 ADC 与协议控制器之间时钟数据的接口时序关系，图 3.54 是协议控制器与 PHY 之间时钟数据的接口时序关系。其中 Tin_delay、Tout_delay 的时间范围如表 3.19 所示。

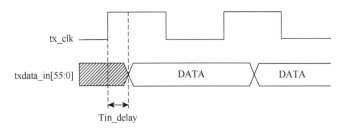

图 3.53　ADC 与协议控制器之间时钟数据的接口时序关系

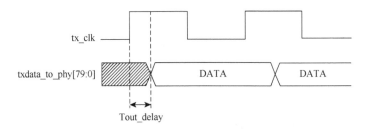

图 3.54　协议控制器与 PHY 之间时钟数据的接口时序关系

表 3.19　时钟数据延迟值

延迟参数	最小值/ps	最大值/ps
Tin_delay	250	600
Tout_delay	220	580

3.3　本 章 小 结

　　本章主要针对 JESD204B 的发送端进行了详细分析和描述，首先对传输层协议的基本内容进行了阐述，并且针对单通道和多通道的数据映射格式分别进行了详细的说明。同时提出了在高数据传输系统中，为了维持数据传输信道的性能、保证接收信号恢复的质量，需要对传输数据进行伪随机化处理，即加扰协议。然后对 JESD204B 发送端的数字电路设计的实现进行了详细的讲解，给出了本书设计的 JESD204B 发送机协议控制器的设计指标和整体架构设计，并且给出了帧组装器算法的流程图。最后给出了对 JESD204B 发送机链路层的功能电路设计，包括算法的原理分析、编码设计等一系列的设计。

第 4 章　JESD204B 接收端协议分析及设计实现

4.1　JESD204B 接收端协议分析

4.1.1　数据链路层

数据链路层是 JESD204B 协议控制器中的重要组成部分,主要负责对输入链路层的并行数据进行 8B/10B 编解码、对齐码插入与替换等操作,以实现收发机数据链路层正确的传输。发送机数据链路层主要负责产生用于同步操作的控制字符/K/ = /K28.5/等控制字符,对齐码的插入,链路同步的建立等操作。接收机数据链路层主要负责产生用于码组同步的请求信号,控制字符的检测与替换,链路同步建立、数据通道传输数据正确性监控等操作。数据链路层另外一个重要的作用是对传输层发送的帧数据进行 8B/10B 编解码,因为 8B/10B 编码具有直流平衡的特性,并且提供用于监控数据序列的控制字符。数据链路层链路的建立主要包含三个阶段:码组同步(CGS)、初始化通道对齐(ILAS)、用户数据传输。

4.1.2　码组同步

以单个发送机和接收机为例来说明码组同步的实现过程,该过程同样适用于多个接收机和发送机之间的通信传输。码组同步状态机状态转移如图 4.1 所示,其具体操作如下。

(1)链路启动时进入码组同步初始状态 CS_INIT,接收机通过握手信号 SYNC 发送同步请求,发送机发送连续的逗号字符/K/ = /K28.5/。

(2)接收机正确接收至少四个连续/K/字符,由码组同步状态机控制停用同步请求,接收机根据发送机设备的确定性延迟子类来决定后续的操作。

(3)正确接收到另外四个 8B/10B 字符后,接收机确认完全实现码组同步,码组同步状态机进入接收数据状态 CS_DATA。

(4)在接收数据状态,接收到无效字符后,码组同步状态机进入检查状态 CS_CHECK。

(5)在检查状态,如果接收到了三个额外的无效字符,则声明同步丢失,进入码组同步初始状态 CS_INIT 重新开始同步操作。如果连续接收到四个有效的字符,则退出检查状态返回到接收数据状态 CS_DATA。

对于子类 0 发送机,在检测到所有接收机已经停用其同步请求,发送机继续发送/K/字符,直到下一帧的开始。从下一帧开始,发送机发出初始化通道对齐序列编码或用户数据,其同步过程如图 4.2 所示。

对于子类 1 或子类 2 发送机，在检测到所有接收机已经停用其同步请求后，发送机继续发射/K/字符，直到下一个 LMFC 边界。（默认操作是使用下一个 LMFC 边界，但是设备可以选择允许使用稍后的 LMFC 边界的可编程选项。）在选定的 LMFC 边界之后的第一帧，发送机发出初始化通道对齐序列。同步过程如图 4.3 所示。SYNC 转换表示接收机发送的同步请求信号的状态的变化。DATA 转换表示由发送机生成的数据状态的变化。

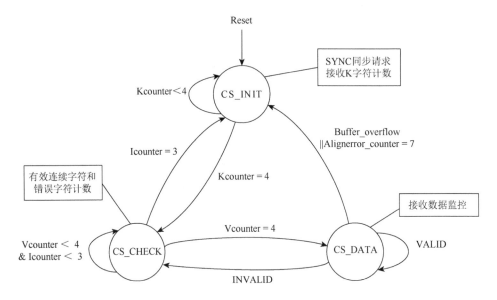

图 4.1　接收机码组同步状态机

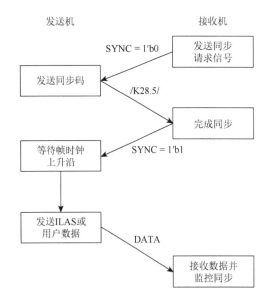

图 4.2　子类 0 码组同步

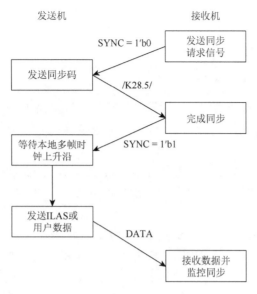

图 4.3　子类 1 或子类 2 码组同步

4.1.3　对齐字符插入

数据链路层对帧对齐的监控是通过字符对齐来实现的,这些对齐字符由发送机在帧的结尾满足特定条件下插入。对齐字符的插入主要是在帧和多帧边这两种情况下进行的,当对于数据帧进行字符插入时,对齐字符为/F/ = /K28.7/;当发送机和接收机都支持通道同步时,在多帧的最后一帧中插入对齐字符/A/ = /K28.3/。另外,对齐字符的插入不仅取决于是否支持通道同步,还取决于是否启用或禁用数据通道的加扰功能。

1. 不加扰数据通道对齐字符插入

如果通道两边都支持通道同步,则发送机和接收机传输数据时对齐字符插入如下。

(1)当当前帧中最后一个八位字节与多帧结尾不一致时(不是多帧帧尾时),等于前一帧中的最后一个八位字节,发送机将替换当前帧的最后一个八位字节为对齐字符/F/ = /K28.7/。如果前一帧中已经发送了一个对齐字符,则不进行对齐字符插入操作。

(2)当当前帧的帧尾是多帧帧尾时,并且等于前一帧中的最后一个八位字节时,发送机将替换当前的最后一个八位字节为/A/ = /K28.3/,如果前一帧中已经发送了一个对齐字符,则仍然进行对齐字符插入操作。

(3)当接收机接收到/F/或/A/符号时,如果该字符是对齐字符就使用前一个帧中的相同位置的数据替换当前字节,否则不需要替换。

如果通道至少一侧不支持通道同步,发送机和接收机传输数据时对齐字符插入如下。

(1)当当前帧中的最后一个八位字节等于前一帧中的最后一个八位字节时,发送机采用/K28.7/替换当前的最后一个八位字节。但是,如果在当前帧中已经发送了/K28.7/对齐字符,则不需要执行替换操作。

（2）当接收机接收到了/F/对齐字符时，将其替换为前一帧中相同位置的数据字节，否则不需要替换。

2. 加扰数据通道对齐字符插入

如果通道两边都支持通道同步，则发送机和接收机传输数据时对齐字符插入如下。

（1）当当前帧中的最后一个加扰八位字节不是多帧帧尾并且等于 0xFC 时，发送机将其替换为对齐字符/F/。

（2）当当前帧的帧尾是多帧帧尾并且等于 0x7C 时，发送机将其替换为控制字符/A/。

（3）当接收机接收到/F/或/A/字符后，接收机将其相应的数据字节 0xFC 或 0x7C 输入到解扰器。

如果通道至少一侧不支持通道同步，则发送机和接收机传输数据时对齐字符插入如下。

（1）当当前帧中最后一个加扰的八位字节等于 D28.7 时，发送机将其替换为/K28.7/。

（2）当接收机接收到了/K28.7/对齐字符时，接收机将 D28.7 输入解扰器。

值得注意的是无论对于加扰数据通道还是不加扰数据通道，每个通道中的对齐字符插入是相互独立的。

4.1.4　初始化通道对齐

初始化通道对齐主要用于对齐链路上所有通道并验证链路的配置参数，以及监控接收机所接收到的数据中帧和多帧帧尾的位置。初始化通道对齐在传输用户数据开始之前进行。初始化通道同步进程也遵循其他标准的规则，如 XAUI 标准。根据已有的规定，在一个明确的时间点上，所有的发送机都会发出用于多通道同步的对齐字符/A/ = /K28.3/。由于各个通道的延迟不同，接收机在不同的时间接收到这些对齐字符。通过接收到对齐字符/A/，每个接收机将后续数据存储在弹性缓冲器中，并向其他接收机指示标志信号表示本地缓冲器包含有效的对齐起始点。当所有的接收机都接收到标志信号时，它们开始在同一时刻将接收到的数据传播到数据处理逻辑，整个通道对齐是基于这个标志信号来实现的。

初始化通道对齐主要是通过初始化对齐序列实现的，在码组同步之后立即开始。初始化对齐序列对齐不得加扰。由 ADC 发送的初始化对齐序列以及满足子类 1 和子类 2 DAC 需求的初始化对齐序列都是由 4 个多帧组成的。具有多个子类 0 的 DAC 设备的配置可能需要额外的多帧来实现通道的对齐。在逻辑期间，初始化对齐序列的长度是可配置的，配置范围为 4~256 个多帧。多帧为一组 K 个连续帧，其中 K 在 1~32，使得每个多帧的八位字节数在 17~1024，这样可以减轻大量的系统偏斜。在 JESD204 发送机设备中，K 值应为可编程。在 JESD204 接收机设备中，建议将 K 值设置为可编程。JESD204 接收机设备可以明确规定其在发送机设备中设置所需的 K 值。

初始通道对齐序列的结构如图 4.4 所示。每个多帧以/R/ = /K28.0/开头以/A/结尾。/R/是对接收机的指示，表明该多帧是初始化对齐序列的一部分。/A/标记多帧的结尾，并用于通道和帧同步。第二个多帧包含从发送机到接收机 JESD204 链路的配置信息，以/Q/ = /K28.4/控制字符标记配置参数的开始。根据协议要求，链路配置参数包括 14 个字节，如表 4.1 所示。在通道同步期间，JESD204B 发送机通过初始化通道对齐序列把这些配置参数传送到接收机。即使这些参数是通过链路传送到接收机的，接收机也不会用这些值来设置自己的配置参数，接收机必须使用单独的输入配置端口，可以利用这些链路发送的参数，来验证发送机和接收机配置是否相同。这是通过比较经由链路发送的参数值的校验和接收机参数值的检验来实现的。

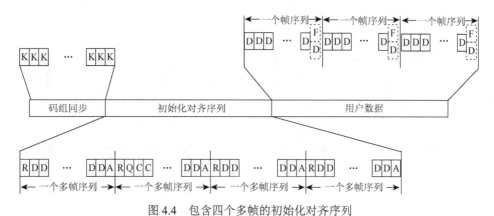

图 4.4　包含四个多帧的初始化对齐序列

表 4.1　链路配置参数描述

配置参数	位宽	描述
ADJCNT	4	调整 DAC LMFC 的分辨率步数。仅用于子类 2
ADJDIR	1	调整 DAC LMFC 的方向。0 表示超前，1 表示延迟。仅用于子类 2
BID	4	每个链路每个帧周期控制字的数目
CS	2	每帧周期每个样本的控制位数量
CF	5	每个链路每个帧周期控制字的数目
F	8	每帧数据包含字节的数目
HD	1	高密度数据模式
DID	8	器件识别号码
JESDV	3	JESD204 的版本。000 表示 JESD204A，001 表示 JESD204B
L	5	每个器件的通道数目
M	8	每个器件的转换器数目
N	5	转换器的分辨率
N'	5	半字节组大小，必须为 4 的倍数
S	5	每个帧周期每个转换器包含样本的数目
K	5	每个多帧包含帧的数目
PHADJ	1	DAC 相位调节请求。仅用于子类 2
SCR	1	加扰使能
SUBCLASSV	3	器件子类类型。000 表示子类 0，001 表示子类 1，010 表示子类 2
RES1	8	预留区域
RES2	8	预留区域
CHKSUM	8	所有配置参数校验和

JESD204B 协议规定，支持确定性延迟的设备可以采用另一种对齐方式：如果主接收机检测到接收的对齐字符后在指定时刻对齐了通道，而此时其他的接收机接收到的数据没有检测到对齐字符则发出错误指示信号。另外 JESD204B 标准规定，如果发送机和接收机支持不需要初始化对齐序列的多通道同步方式，则系统可以在其通道对齐管理系统中旁路初始化对齐序列。JESD204B 标准针对以下三种情况可以定义偏斜量。

（1）一个发送机和一个接收机。

（2）多个发送机和一个接收机。

（3）多个发送机和多个接收机。

4.1.5 确定性延迟

JESD204B 协议标准所支持的确定性延迟功能，被定义为发送机输入帧数据时刻与接收机开始输出帧数据时刻之间的时间差值。由于确定性延迟是基于帧时钟进行量度的，所以链路上的延迟的最小单位为一个帧周期并且以帧时钟周期作为增量实现链路的可编程延迟。此外，在两次上电周期以及链路重新建立同步时，延迟是可以重复出现的。JESD204B 确定性延迟可以分为三部分：发送机生成并行初始化对齐序列到发送机 PHY 接收到该初始化对齐序列的延迟、数据在外部物理通道传输的延迟以及接收机输出初始化对齐序列到接收机链路层缓冲器输出数据的延迟。链路上的确定性延迟的实现要符合以下两个要求。

（1）在发送设备中，必须在明确定义的时刻在所有通道上同时启动 ILAS，这同时也确保了在 ILAS 之后的用户数据在明确定义的时刻跨所有通道同时被发起。这个明确的时刻指的是发送机在检测到 SYNC 上升沿之后的第一个 LMFC 边界，并且发送机支持延迟可编程数量的 LMFC 边界发送 ILAS。

（2）在接收设备中，每个通道上的输入数据必须进行缓冲以消除串行发送机通道、物理通道和串行接收机所带来的延迟。接收机缓冲器在明确定义的时刻跨所有通道同时释放。这个明确定义的时刻是所有通道缓冲器检测到对齐字符后发出应答信号后的第一个 LFMC 边界之后的可编程帧周期数。这个可编程帧周期数称为接收缓冲延迟（RBD）。

通过上述的论证可知初始化对齐序列的生成和接收机缓冲器的释放对齐都与 LMFC 边界有关。因此，发送机和接收机只有尽可能精确地对准 LMFC，才能以最小的不确定性实现确定性等待时间。为了实现确定性延迟更好的性能，系统配置必须满足以下要求。

（1）多帧上的长度大于任何链路上的最大可能延迟。

（2）可编程帧周期数 RBD * Tf（帧周期）的值必须大于任何链路上的最大可能延迟。

（3）可编程帧周期数的值以帧周期为单位，且必须在 $1 \sim K$。

上述三个要求主要是确保可编程帧周期数足够大，以确保发送机的数据在接收机弹性缓冲器释放之前已到达所有通道的接收机弹性缓冲器。跨 JESD204B 链路的总的延迟时间等于可编程周期数 RBD * Tf 帧周期的值。弹性缓冲器所需的最小值等于数据到接收机弹性缓冲器输入的最早可能到达时刻与弹性缓冲器释放时刻之差，这个释放时刻指的是各 LMFC 边界之后 RBD 帧周期。

对于子类 1 设备，发送机和接收机正确对齐 LMFC 信号主要是通过 SYSREF 信号实现的。所以要想更好地实现 JESD204B 链路确定性延迟的性能，必须尽可能地使用高精度的 SYSREF 信号，以使系统中的延迟不确定最小化。推荐 SYSREF 信号产生器使用与发送机和接收机同源的时钟信号。发送机和接收机设备基于检测到的 SYSREF 脉冲来确定是否调整本地帧和多帧的相位对齐。此功能的实现细节留给设备实现者来决定，协议给出了三个可能的选项。

（1）检查每个 SYSREF 脉冲以确定 LMFC 和帧时钟的现有相位对齐是否需要调整。

（2）输入或控制接口命令指示设备使用下一个检测到的 SYSREF 脉冲来强制实现 LMFC 和本地帧相位对齐。

（3）输入或控制接口命令指示设备忽略所有未来的 SYSREF 脉冲。

子类 1 设备必须符合 SYSREF 时序要求：发送机和接收机规定从采样到 SYSREF 信号到 LMFC 上升沿的延迟时间是确定的，如图 4.5 所示。

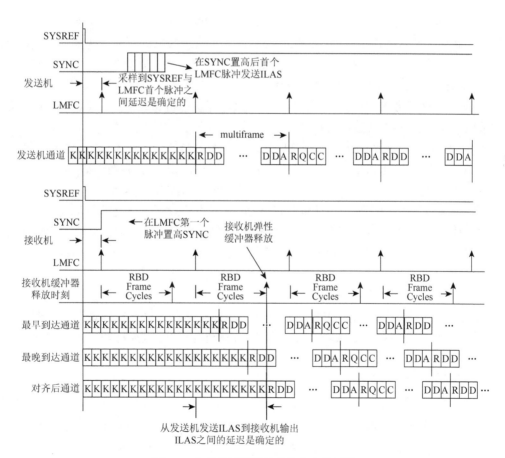

图 4.5　小于多帧周期长度的确定性延迟

对于确定性等待时间小于一个多帧周期的确定性延迟（即 RBD＜K），其时序关系如图 4.5 所示，发送机和接收机采样到 SYSREF 脉冲，在确定的延迟后对齐 LMFC 边沿使两者的 LMFC 相同。当接收机检测到所有通道完成码组同步后在紧随的 LMFC 边沿置位 SYNC 信号，当发送机检测到 SYNC 信号上升沿后在紧随的 LMFC 边沿开始发送初始化对齐序列。然后当接收机检测到初始化对齐序列的起始对齐字符/A/后，开始缓存各个通道的数据到相应的通道弹性缓冲器，在确定等待时间为 LMFC 上升沿之后的 RBD 帧时钟周期并且此刻各个通道缓冲器都检测到有效 ILAS 数据时，接收机设备开始跨通道同时释放所有通道弹性缓冲器。从而接收机的数据输出实现了链路 RBD 帧周期的固定等待时间延迟，同时也实现了接收机所有通道之间的同步。

4.2　JESD204B 接收端关键的数字电路设计

4.2.1　解扰器的设计原理及实现方案

扰码技术已广泛用于现代通信系统中，如果传输的数据序列中经常出现长连 0 和长连 1 序列，就会造成数据流中有相当大的低频分量，不利于数据的可靠性传输，并且在实际数字通信系统的设计过程中其性能往往受到传输数据统计特性的影响。在高速数据传输系统中一般采用加扰/解扰机制来改善传输信号的特性，使数据序列更加随机化，增大 0、1 的转换密度以使信号的频谱扩散，从而有利于接收端进行链路时钟的恢复，减小抖动和降低码间干扰，提高数据传输的可靠性。

JESD204B 协议规定的扰码和解扰码模块位于数据链路层。在 JESD204B 协议数据链路层加扰可以有效防止由于连续相同字节相互关联而引起的相关杂散频谱，从而有效地降低电磁干扰和链路层输出数据的误码率，保证数据的正确传输。然而，由于使用扰码会使转换器中的数字模块引入噪声。所以，JESD204B 标准中规定加扰处理是可选功能。当系统配置为加扰模式时，发送机传输层对采样数据完成帧组装进行加扰后输入到数据链路层，而接收机对 8B/10B 解码模块解码后的数据进行解扰操作输入到传输层解帧模块。当系统配置为不加扰模式时，发送机传输层帧组装输出的数据直接进入数据链路层，接收机数据链路层输出的数据直接进入传输层解帧模块。

加扰器的原理是以能够产生伪随机序列的线性反馈移位寄存器理论为基础的。主流的加扰器按照是否需要初始状态主要分为两种：一种是伪随机加扰器；另一种是自同步加扰器。

1. 伪随机加扰器

伪随机加扰器的原理是：输入数据和线性反馈输出进行异或逻辑运算作为伪随机加扰器的输出。伪随机加扰器是一种结构比较简单的加扰器，由伪随机发生器的输出直接与输入数据进行模二加就产生了加扰后的数据，其原理如图 4.6 所示。因为伪随机发生器正常工作需要由一个起始状态,所以伪随机加扰器需要相同的起始状态才能解码。对于伪随机加扰器,要想实现解扰和加扰的同步,就必须先恢复加扰时的初始状态。而加扰初始状态的恢复主要是通过确定加扰器的级数和扰码多项式来实现的。但是,对于加扰多项式的识别以及对于起始状态的恢复需要占用大量的资源,并且算法实现比较复杂,所以 JESD204B 协议标准不采用该加扰方式。

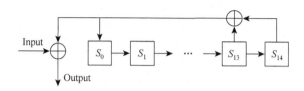

图 4.6　伪随机串行加扰原理图

2. 自同步加扰器

自同步加扰器的实现也是基于伪随机序列的线性反馈移位寄存器理论,其与伪随机加扰器最大的不同就是输入数据与线性反馈模二加后的值不仅作为输出值,也存入移位寄存器。由于自同步加扰器独特的加扰结构,自同步加扰序列的解码不需要恢复出加扰时的起始状态,这大大提高了解扰的效率,适用于高速数据传输系统。因此,采用自同步扰码方式来作为 JESD204B 协议标准规定的加扰方式,自同步的加扰和解扰电路结构如图 4.7 所示。

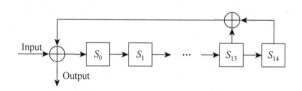

图 4.7　自同步串行加扰原理图

加扰器按照输入数据的类型可以分为串行加扰和并行加扰;串行加扰器实现方式简单,但是加扰效率低,特别是对于高速传输系统时序要求很高,所以不适合作为 JESD204B 协议标准的加扰方式。在上述加扰电路原理详细论述的基础上,本书根据 JESD204B 标准协议规范提出了一种可行的自同步并行加扰解扰电路,如图 4.8 所示。其规定的扰码多项式为 $1 + x_{13} + x_{14}$。设输入比特为 D_n,扰码结果为 S_n,则 $S_n = D_n \oplus R_n{-}13 \oplus R_n{-}14$,即扰码结果为当前线性移位寄存器所储存的前 13 位的加扰值 $R_n{-}13$、前 14 位的加扰值 $R_n{-}14$ 和当前输入 D_n 三者的模二和。由于 JESD204B 协议标准数据链路层的字节长度为 8 位,所以以 8 位并行数据的加扰解扰为例展示其实现的算法。对于 8 位并行扰码,在每个时钟周期内一次同时加扰 8 比特,并且移位寄存器更新其存储值,将计算得出的 8 位加扰值存入移位寄存器的低 8 位。

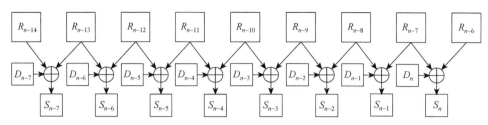

图 4.8　8 位并行自同步加扰器

利用上面的串行扰码的推导公式，则 8 位并行扰码的推导为

$$S_{n+7} = D_{n+7} \oplus R_{n-13} \oplus R_{n-14}$$
$$S_{n+6} = D_{n+6} \oplus R_{n-12} \oplus R_{n-13}$$
$$S_{n+5} = D_{n+5} \oplus R_{n-11} \oplus R_{n-12}$$
$$S_{n+4} = D_{n+4} \oplus R_{n-10} \oplus R_{n-11}$$
$$S_{n+3} = D_{n+3} \oplus R_{n-9} \oplus R_{n-10}$$
$$S_{n+2} = D_{n+2} \oplus R_{n-8} \oplus R_{n-9}$$
$$S_{n+1} = D_{n+1} \oplus R_{n-7} \oplus R_{n-8}$$
$$S_n = D_n \oplus R_{n-6} \oplus R_{n-7}$$

此时移位寄存器加扰前的 15 位初始值 $\{R_n, R_{n-1}, R_{n-2}, R_{n-3}, R_{n-4}, R_{n-5}, R_{n-6}, R_{n-7}, R_{n-8}, R_{n-9}, R_{n-10}, R_{n-11}, R_{n-12}, R_{n-13}, R_{n-14}\}$ 更新为 $\{S_n, S_{n+1}, S_{n+2}, S_{n+3}, S_{n+4}, S_{n+5}, S_{n+6}, S_{n+7}, R_n, R_{n-1}, R_{n-2}, R_{n-3}, R_{n-4}, R_{n-5}, R_{n-6}\}$。由自同步加扰器原理可知，计算当前加扰值需要前 15 位加扰结果作为初始值。所以，如果没有最初的 15 位数据就无法进行加扰解扰。JESD204B 标准规定，数据链路层的码组同步，初始化通道对齐不进行加扰处理，用户数据可以加扰，但是最初传输的 2 字节用户数据不进行加扰处理，将其低 15 位作为加扰器解扰器的初始值用于后续的加扰解扰操作。因此，接收机的解扰器的初始值也为 $\{R_n, R_{n-1}, R_{n-2}, R_{n-3}, R_{n-4}, R_{n-5}, R_{n-6}, R_{n-7}, R_{n-8}, R_{n-9}, R_{n-10}, R_{n-11}, R_{n-12}, R_{n-13}, R_{n-14}\}$。由于解扰操作是加扰的逆过程，则 8 位并行的解扰推导为

$$P_{n+7} = S_{n+7} \oplus R_{n-13} \oplus R_{n-14}$$
$$P_{n+6} = S_{n+6} \oplus R_{n-12} \oplus R_{n-13}$$
$$P_{n+5} = S_{n+5} \oplus R_{n-11} \oplus R_{n-12}$$
$$P_{n+4} = S_{n+4} \oplus R_{n-10} \oplus R_{n-11}$$
$$P_{n+3} = S_{n+3} \oplus R_{n-9} \oplus R_{n-10}$$
$$P_{n+2} = S_{n+2} \oplus R_{n-8} \oplus R_{n-9}$$
$$P_{n+1} = S_{n+1} \oplus R_{n-7} \oplus R_{n-8}$$
$$P_n = S_n \oplus R_{n-6} \oplus R_{n-7}$$

解扰器的结果用 P_n 表示，由 $S_n = D_n \oplus R_{n-13} \oplus R_{n-14}$，则 $P_n = D_n \oplus R_{n-13} \oplus R_{n-14} \oplus R_{n-13} \oplus R_{n-14} = D_n$。依次可得 8 位并行解扰器的结果 $\{D_{n+7}, D_{n+6}, D_{n+5}, D_{n+4}, D_{n+3}, D_{n+2}, D_{n+1}, D_n\}$ 与加扰前的用户数据保持一致。然后在时钟边沿更新解扰器移位寄存器的值为 $\{P_n, P_{n+1}, P_{n+2}, P_{n+3}, P_{n+4}, P_{n+5}, P_{n+6}, P_{n+7}, R_n, R_{n-1}, R_{n-2}, R_{n-3}, R_{n-4}, R_{n-5}, R_{n-6}\}$，用作解扰器下一个时钟周期的解扰计算条件。

　　由前面论述的内容可知，JESD204B 协议链路层可以配置解扰和不解扰两种模式，本设计提出了通过使能信号 EN 来控制解扰模块。本书所提出的高速串行接收机控制器的链路层数据为 32 位，所以解扰模块对应的位宽也为 32 位。设数据链路层 32 位输入数据为 Sn[31：0]，解扰后输出结果为 Pn[301：0]，低 16 位解扰初始值为 Rn[14：0]，高 16 位解扰初始值为 Bn[14：0]，则具有使能功能解扰模块的输入输出逻辑关系表达式如下所示：

$$P_{n+7} = S_{n+7} \oplus \mathrm{EN}(R_{n-13} \oplus R_{n-14})$$
$$P_{n+6} = S_{n+6} \oplus \mathrm{EN}(R_{n-12} \oplus R_{n-13})$$
$$P_{n+5} = S_{n+5} \oplus \mathrm{EN}(R_{n-11} \oplus R_{n-12})$$
$$P_{n+4} = S_{n+4} \oplus \mathrm{EN}(R_{n-10} \oplus R_{n-11})$$
$$P_{n+3} = S_{n+3} \oplus \mathrm{EN}(R_{n-9} \oplus R_{n-10})$$
$$P_{n+2} = S_{n+2} \oplus \mathrm{EN}(R_{n-8} \oplus R_{n-9})$$
$$P_{n+1} = S_{n+1} \oplus \mathrm{EN}(R_{n-7} \oplus R_{n-8})$$
$$P_n = S_n \oplus \mathrm{EN}(R_{n-6} \oplus R_{n-7})$$
$$P_{n+15} = S_{n+15} \oplus \mathrm{EN}(R_{n-5} \oplus R_{n-6})$$
$$P_{n+14} = S_{n+14} \oplus \mathrm{EN}(R_{n-4} \oplus R_{n-5})$$
$$P_{n+13} = S_{n+13} \oplus \mathrm{EN}(R_{n-3} \oplus R_{n-4})$$
$$P_{n+12} = S_{n+12} \oplus \mathrm{EN}(R_{n-2} \oplus R_{n-3})$$
$$P_{n+11} = S_{n+11} \oplus \mathrm{EN}(R_{n-1} \oplus R_{n-2})$$
$$P_{n+10} = S_{n+10} \oplus \mathrm{EN}(R_n \oplus R_{n-1})$$
$$P_{n+9} = S_{n+9} \oplus \mathrm{EN}(P_{n+7} \oplus R_n)$$
$$P_{n+8} = S_{n+8} \oplus \mathrm{EN}(P_{n+6} \oplus P_{n+7})$$
$$P_{n+23} = S_{n+23} \oplus \mathrm{EN}(B_{n-13} \oplus B_{n-14})$$
$$P_{n+22} = S_{n+22} \oplus \mathrm{EN}(B_{n-12} \oplus B_{n-13})$$
$$P_{n+21} = S_{n+21} \oplus \mathrm{EN}(B_{n-11} \oplus B_{n-12})$$
$$P_{n+20} = S_{n+20} \oplus \mathrm{EN}(B_{n-10} \oplus B_{n-11})$$
$$P_{n+19} = S_{n+19} \oplus \mathrm{EN}(B_{n-9} \oplus B_{n-10})$$
$$P_{n+18} = S_{n+18} \oplus \mathrm{EN}(B_{n-8} \oplus B_{n-9})$$
$$P_{n+17} = S_{n+17} \oplus \mathrm{EN}(B_{n-7} \oplus B_{n-8})$$
$$P_{n+16} = S_{n+16} \oplus \mathrm{EN}(B_{n-6} \oplus B_{n-7})$$
$$P_{n+31} = S_{n+31} \oplus \mathrm{EN}(B_{n-5} \oplus B_{n-6})$$
$$P_{n+30} = S_{n+30} \oplus \mathrm{EN}(B_{n-4} \oplus B_{n-5})$$
$$P_{n+29} = S_{n+29} \oplus \mathrm{EN}(B_{n-3} \oplus B_{n-4})$$
$$P_{n+28} = S_{n+28} \oplus \mathrm{EN}(B_{n-2} \oplus B_{n-3})$$
$$P_{n+27} = S_{n+27} \oplus \mathrm{EN}(B_{n-1} \oplus B_{n-2})$$
$$P_{n+26} = S_{n+26} \oplus \mathrm{EN}(B_n \oplus B_{n-1})$$
$$P_{n+25} = S_{n+25} \oplus \mathrm{EN}(P_{n+23} \oplus B_n)$$
$$P_{n+24} = S_{n+24} \oplus \mathrm{EN}(P_{n+22} \oplus P_{n+23})$$

接收机解扰模块可以在一个周期内完成输入 32 位并行数据的解扰操作，解扰的具体操作流程如图 4.9 所示。

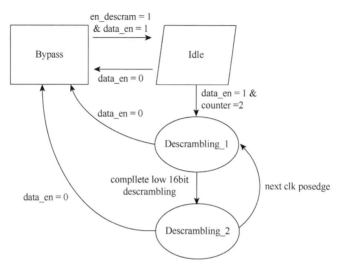

图 4.9　解扰状态机

Bypass：此状态下 JESD204B 接收机与发送机正在进行码组同步与初始化通道对齐，输入解扰的模块的数据不进行解扰操作，当接收机与发送机完成 CGS 与 ILAS 阶段进入用户数据接收阶段（data_en = 1）且接收机解扰功能使能（en_descram = 1）时，跳转到 Idle 状态。否则，系统一直处于该状态不进行解扰操作，即 Pn[31：0] = Sn[31：0]。

Idle：此状态下 JESD204B 接收机开始接收用户数据，当接收完最初的两个不加扰的字节后仍处于用户数据接收阶段，则跳转到 Descrambling_1 状态。最初的两个字节作为后续解扰模块的初始值，赋给解扰模块的 15 位移位寄存器 Rn[14：0]。当系统发生传输错误时，JESD204B 发送机与接收机需要重新建立同步，用户数据接收阶段结束（data_en = 0）跳转到重新同步阶段，即 Bypass 状态。

Descrambling_1：此状态下，解扰模块运用初始值 Rn[14：0]对输入数据的低 16 位 Sn[15：0]进行解扰操作，同时将低 16 位解扰后的结果 {P[n + 6：n]，P[n + 15：n + 8]} 立即存入 Bn[14：0]用于高 16 位解扰操作的初始值。

Descrambling_2：此状态下，解扰模块运用初始值 Bn[14：0]对 Sn[31：16]进行解扰操作，在时钟上升沿时，将高 16 位解扰后的结果 {P[n + 22：n + 16]，P[n + 31：n + 24]} 送入 Rn[14：0]用于下一个时钟周期输入数据低 16 位解扰操作的初始值。Descrambling_1 与 Descrambling_2 状态交替转换，完成了一个时钟周期内对 32 位输入数据的解扰操作，当此阶段系统发生传输错误时，JESD204B 发送机与接收机需要重新建立同步，用户数据接收阶段结束（data_en = 0）跳转到重新同步阶段，即 Bypass 状态。

解扰器的仿真结果如图 4.10 所示，解扰使能信号 scram_enable 有效，15 位线性移位寄存器 scramr[14：0]用于保存低 16 位数据解扰的初始值。输入数据为 descram_din[31：0]，解扰后的输出为 descram_dout[31：0]。通过观察，解扰后输出数据与发送机加扰前输入的数据保持一致，解扰器功能正确实现。

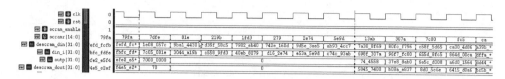

图 4.10　解扰器仿真结果

4.2.2　Comma 检测器设计原理及实现方案

Comma 检测器是 JESD204B 协议标准中重要的组成部分，同时也是接收机电路设计与优化的重点。对于 JESD204B 协议，链路建立时帧同步的实现主要是通过在码组同步期间发送全帧的/K/ = /K28.5/逗号符号，接收机在接收到四个连续的逗号符号后完成码组同步，发送机开始发送的初始化对齐序列总是以/R/ = /K28.0/的非逗号字符开始，从而完成系统的帧同步。而在实现系统帧同步的过程中，接收机数据链路层通过 Comma 检测器检测接收到的连续逗号字符，进而实现接收字节起始边界的检测。

JESD204B 协议本质上是 Serdes 技术中的一种标准，主要是为数据转换器和逻辑器件的高速互联而制定的。而在 Serdes 接收机部分，逗号检测（comma detection）模块主要用来指示字节边界，获取和验证字节同步。通常使用的 comma 码有 K28.1（0011111001或 1100000110）、K28.5（0011111010 或 1100000101）。逗号检测和字对齐的结构一般分为串行结构与并行结构。串行结构电路非常简单，但是也有一些缺点，如高速情况很难满足时序要求并且动态功耗大。并行结构由于是在低速率时钟域中进行操作的，所以可以很容易地满足高速 Serdes 的设计要求。现有技术中的逗号检测和字对齐方法，如果要满足 JESD204B 协议规定的 12.5 Gbit/s 的速率要求，使用并行 10 位的逗号检测和字对齐模块至少要在 1.25 GHz（12.5 GHz/10）时钟速率下满足时序要求，可以看出如果不采用先进的工艺和全定制设计其很难满足速率要求。鉴于此，本节针对 JESD204B 接收机控制器的设计提出了一种 Comma 检测器的设计方案,能够满足系统规定的 12.5 Gbit/s 的速率要求，Comma 检测器的设计主要包括三个部分：移位逗号检测模块、状态锁定模块、移位输出模块。Comma 检测器的整体结构图如图 4.11 所示。

本书所提出的 Comma 检测器设计方案的实现原理主要是利用图 4.11 中的第一寄存器和第二寄存器分别缓存数据的 40 位数据。其中，输入的 40 位错位数据中包含至少一个完整的逗号检测码，而一个完整的逗号检测码中包括两串长度相同并且极性相反的/K28.5/码（00111110101100000101 或 11000001010011111010），长度为 20 位。如图 4.12 所示，移位逗号检测模块从第一寄存器、第二寄存器中分别取出 40 位数据组成 80 位的样本数据；然后在 80 位的样本数据中从最低位开始移位抽取 20 位数据，如果等于 20 位的逗号检测码，则停止移位，并产生 10 位的 Comma 码位置信息 sel[9：0]。否则，继续向高位移动抽取 20 位数据，最多可以进行 10 次移位操作。

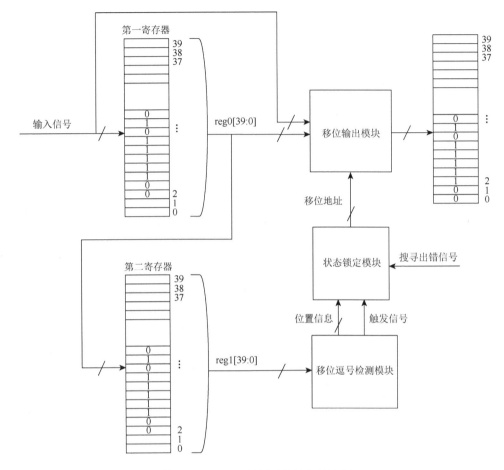

图 4.11　Comma 检测器的整体结构图

　　当移位逗号检测模块移位检测到 Comma 码后，状态锁定模块开始根据状态机来产生
10 位的移位地址 shiftaddr[9：0]，以便在后续过程中采用该移位地址对输入的数据进行移
位操作输出对齐数据。状态锁定模块的操作过程如下：系统复位后进入 SEARCH 状态，
当指示 Comma 码已检测到的信号 trigger 有效时，状态机跳转到 LOCK 状态，此时
shiftaddr[9：0]被锁定，即移位逗号检测模块在其他移位位置检测出 Comma 码并更新 sel[9：
0]的值，也不再将该值赋给 shiftaddr[9：0]。当 JESD204B 接收机控制器输出的控制信号
search_err 有效时，表示没有检测到 Comma 码或系统接收机没有实现字节边沿对齐，此
时需要重新进行 Comma 检测，所以状态机跳转到 SEARCH 状态，状态锁定模块状态转
移图如图 4.13 所示。

　　最后，移位输出模块根据锁定的 shiftaddr[9：0]移位地址来对先后输入的 40 位数据所
组成的 80 位数据进行移位取 40 位数据输出得到对齐数据，从而完成接收机 Comma 码的
检测，实现 JESD204B 系统发送机与接收机的字节边沿对齐。

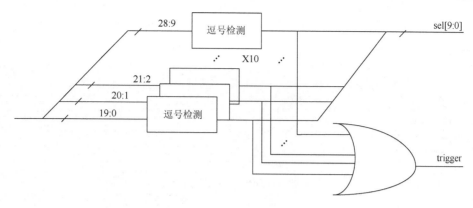

图 4.12　移位逗号检测模块结构图

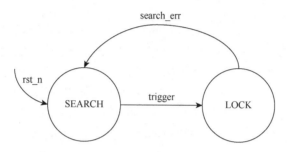

图 4.13　状态锁定模块状态转移图

Comma 检测器模块的端口信号如表 4.2 所示。

表 4.2　Comma 检测器端口描述

信号名称	位宽	方向	描述
clk	1	Input	时钟输入
rst_n	1	Input	复位信号，低电平有效
data_in	40	Input	从 PHY 输入的 40 位数据
pat_search_en	1	Input	检测使能信号，高电平有效
bit_reversal	1	Input	按位反序输出使能信号
data_out	40	Output	检测到逗号码后输出的位对齐 40 位数据
data_out_valid	1	Output	输出数据有效信号

Comma 检测器仿真结果如图 4.14 所示，移位逗号检测模块移位检测到 Comma 码后输出移位地址 sel_reg[9：0] = 10′h20，触发状态机进入 SEARCH 状态的 search_err 信号的上升沿指示信号 encdt_rise 一直为低电平，此时状态信号 ns 置高后其值保持不变，表示状态机一直保持在 LOCK 状态，并将移位地址锁存在 boundary_sel[9：0]。最后，移位输出模块根据锁存地址对 80 位输入数据 doublewidth_data[79：0]移位取 40 位数据得到对齐后的输出数据。此时对齐后的数据 40′h5F283_5F283 是四个连续逗号码

8B/10B 编码后的结果，从而表明该模块正确地实现了逗号码的检测与接收数据的字节边沿对齐。

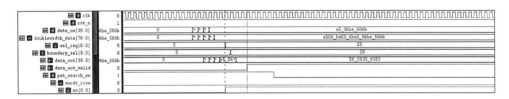

图 4.14　Comma 检测器仿真结果

4.2.3　8B/10B 解码器设计原理及实现方案

8B/10B 规范是目前高速串行数据传输接口或总线常用的编解码方式，如 PCI-E、1394b、SATA 和 USB 等。8B/10B 编码思想最初是由 IBM 公司提出的，把 8 位并行数据转换成 10 位特定格式的并行传输的数据。这种编码方式通过均衡编码后数据流中 1 和 0 的数量的相对平衡来实现具有直流平衡特性的编码，避免了高速串行比特流中多位连 0 和连 1 序列的传输而造成的数据传输错误。与此同时，这些直流平衡的编码提供了足够大的位转换密度以满足接收端时钟恢复电路的要求。另外，8B/10B 编码提供了 12 种控制字符，可以满足某些协议中比特流的码组定位和同步功能。8B/10B 解码模块可以根据其编码规则对扩充位数后的 8B/10B 编码进行误码检测，从而可以保证串行通信系统中良好的传输性能。

8B/10B 编码将 8 位并行数据经过特殊的映射机制转化为 10 位并行编码码流。如果将 8 位数据直接映射成 10 位数据来实现编码，则不仅会严重影响数据的编解码速率，还会使占用芯片的面积大大增加，增加了成本。一般 8B/10B 编码规则规定将 8 位二进制数分为低 5 位和高 3 位，然后分别对低 5 位进行 5B/6B 编码，对高 3 位进行 3B/4B 编码，最后将编码后的 6 位数据和 4 位数据合在一起作为最终的编码输出。这样的编码方式减小了芯片的占用面积，让编解码的复杂度大大降低，更为重要的是提高了数据的编解码速率。

8B/10B 编码的映射方式规定了 268 种有效的字节对应方式，其中包括 256 个数据字符编码和 12 个特殊控制字符编码，分别用 Dx.y，Kx.y 表示。其中 Dx.y 中的 x 表示高 3 位，y 表示低 5 位；Kx.y 通常用于帧的起始终止标识和逗号检测。8 位并行输入数据低 5 位 EDCBA 被编码成 6 位的 iedcba；高 3 位 HGF 被编码成了 jhgf，最后组合在一起输出编码后的 10 位并行数据 jhgfiedcba，如图 4.15 所示。

同时，8B/10B 编码中一个特别的概念称为不均等性（disparity），指的是 10 位数据中位 0 与位 1 出现的次数的差。在编码的 10 位数据中，不均等性有三种类型值：+2（4 个位 0 与 6 个位 1）、–2（6 个位 0 与 4 个位 1）以及 0（5 个位 0 与 5 个位 1）。为了保证编码后的高速串行比特流的直流平衡特性，每个数据的编码都是通过前面数据编码后产生的不均等性状态来实现正确的映射关系，而这个作为判断的不均等性状态称为极性偏差。极性偏差分为两种状态：+1 表示位 1 比位 0 的个数多，–1 表示位 0 比位 1 的个数多。8B/10B

编码规则规定，如果四位编码结果、六位编码结果以及组合后的十位编码结果属于非零极性编码结果，则它们编码前后的极性必须发生翻转。即在编码的过程中，5B/6B 编码和 3B/4B 编码会根据前面的 RD 值交替进行正极性编码、负极性编码，从而保证了编码 0 和 1 的个数的均衡性。如果前面的 RD 值为 +1 则进行负极性编码，为 –1 则进行正极性编码，每次完成编码后计算 5B/6B 或 3B/4B 编码值的不均等性，并根据极性偏差计算规则更新 RD 值，以作为下一次编码的极性判断依据，极性偏差计算规则如表 4.3 所示。

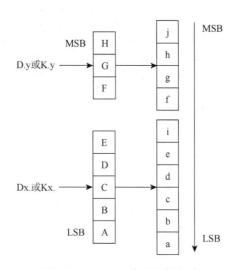

图 4.15　8B/10B 编码映射关系

表 4.3　极性偏差计算规则表

前一个 RD	6B 或 4B 编码极性	下一个 RD
−1	0	−1
−1	+2	+1
+1	0	+1
+1	−2	−1

　　JESD204B 协议标准规定采用 8B/10B 编解码作为数据链路层基本的编码方式，数据链路层所包含的码组同步，初始化通道对齐操作都是依托于 8B/10B 编码中的 12 个控制字符，这 12 个控制字符的编码映射关系如表 4.4 所示。所以 8B/10B 编解码是接收机控制器数字电路的重要组成部分。根据协议规范，按照 8B/10B 编解码的实现方式可以分为两种：一种是直接查表法；一种是纯组合逻辑实现法。虽然传统的直接查表法在实现编码时比较简单方便，但是这会占用大量的资源，编解码存储器的读取速度会很大程度上限制编解码的工作速度，这在高速串行电路中是很难接受的。另外，这种编码实现方式也会增加接收机控制器芯片的面积和功耗，所以不采用此方法实现 8B/10B 编码。为了满足 JESD204B 协议接收机控制器高速编码的要求，本设计采用纯组合逻辑的实现方法。但是直接将 8B/10B 编解码电路应用于 JESD204B 接收控制器，则需要 1.25 GHz 的高速工作时

钟，这将会使整个接收机控制器的电路设计难度大大增加。为了解决这个高速编码问题，本书提出了四个 8B/10B 编解码电路并行处理的方案以实现数据链路层 32B/40B 编码和 40B/32B 解码，同时把编解码电路的工作频率降到了 312.5MHz，这大大降低了设计的难度，其原理结构图如图 4.16 所示。

表 4.4   8B/10B 编码控制字符映射关系表

输入		RD = −1	RD = + 1
信号	HGF EDCBA	abcdeifghj	abcdeifghj
K28.0	000 11100	001111 0100	110000 1011
K28.1	001 11100	001111 1001	110000 0110
K28.2	010 11100	001111 0101	110000 1010
K28.3	011 11100	001111 0011	110000 1100
K28.4	100 11100	001111 0010	110000 1101
K28.5	101 11100	001111 1010	110000 0101
K28.6	110 11100	001111 0110	110000 1001
K28.7	111 11100	001111 1000	110000 0111
K23.7	111 10111	111010 1000	000101 0111
K27.7	111 11011	110110 1000	001001 0111
K29.7	111 11101	101110 1000	010001 0111
K30.7	111 11110	011110 1000	100001 0111

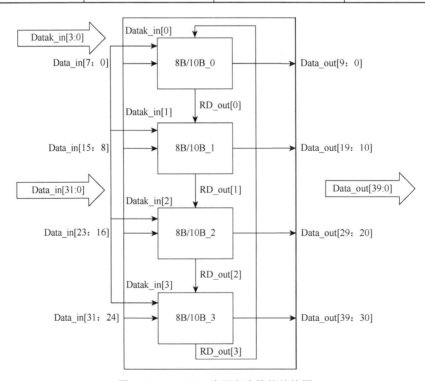

图 4.16   32B/40B 编码电路整体结构图

根据 8B/10B 编码原理的论述可知，其主要是通过 5B/6B 编码和 3B/4B 编码组合实现的，两种编码映射关系分别如表 4.5 和表 4.6 所示。5B/6B 编码和 3B/4B 编码会根据前面的 RD 值交替进行正极性编码、负极性编码，从而保证编码的直流平衡的特性。这两种编码在 8B/10B 编码过程中的逻辑关系如图 4.17 所示。假设编码开始时 RD 的初始值为负，用逻辑 0 表示，当 RD 值为正时，用逻辑 1 表示。

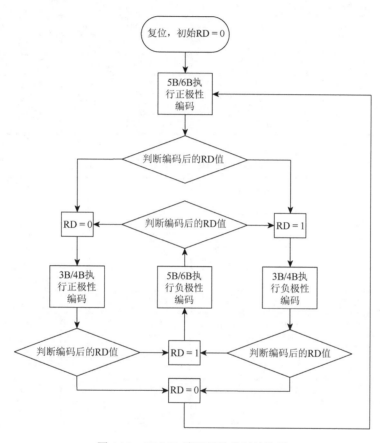

图 4.17 8B/10B 编码极性控制结构图

表 4.5 5B/6B 编码映射关系表

输入		输出 abcdei		输入		输出 abcdei	
信号	EDCBA	RD = −1	RD = +1	信号	EDCBA	RD = −1	RD = +1
D.0	00000	100111	011000	D.7	00111	111000	000111
D.1	00001	011101	10010	D.8	01000	111001	000110
D.2	00010	101101	010010	D.9	01001	100101	
D.3	00011	110001		D.10	01010	010101	
D.4	00100	110101	001010	D.11	01011	110100	
D.5	00101	101001		D.12	01100	001101	
D.6	00110	011001		D.13	01101	101100	

续表

输入		输出 abcdei		输入		输出 abcdei	
信号	EDCBA	RD=−1	RD=+1	信号	EDCBA	RD=−1	RD=+1
D.14	01110	011100	011100	D.23	10111	111010	000101
D.15	01111	010111	101000	D.24	11000	110011	001100
D.16	10000	011011	100100	D.25	11001	100110	100110
D.17	10001	100011	100011	D.26	11010	010110	010110
D.18	10010	010011	010011	D.27	11011	110110	001001
D.19	10011	110010	110010	D.28	11100	001110	001110
D.20	10100	001011	001011	D.29	11101	101110	010001
D.21	10101	101010	101010	D.30	11110	011110	100001
D.22	10110	011010	011010	D.31	1111	101011	010100

表 4.6　3B/4B 编码映射关系表

输入		输出 fghj		输入		输出 fghj	
信号	HGF	RD=−1	RD=+1	信号	HGF	RD=−1	RD=+1
Dx.0	000	1011	0100	Kx.0	000	1011	0100
Dx.1	001	1001	1001	Kx.1	001	0110	1001
Dx.2	010	0101	0101	Kx.2	010	1010	0101
Dx.3	011	1100	0011	Kx.3	011	1100	0011
Dx.4	100	1101	0010	Kx.4	100	1101	0010
Dx.5	101	1010	1010	Kx.5	101	0101	1010
Dx.6	110	0110	0110	Kx.6	110	1001	0110
Dx.P7	111	1110	0001	Kx.7	111	0111	1000
Dx.A7	111	0111	1000				

8B/10B 解码是 JESD204B 标准协议数据链路层基本的解码规范，接收机控制器数据链路层的码组同步、初始化通道对齐等操作都是以 8B/10B 解码为基础的，所以 8B/10B 解码电路是 JESD204B 标准协议电路的重要组成部分。从上述 8B/10B 编码电路的设计原理可知编码是通过 3B/4B 编码和 5B/6B 编码组合实现的，而 8B/10B 解码电路的设计与编码电路相比有很大的不同，其主要是通过对输入的 10 位数据中的 hgfedcba 直接根据映射关系进行解码，相比使用 4B/3B 和 6B/5B 组合的解码方式，这种方案占用资源小，实现效率更高。此外，协议要求接收机控制器数据链路层的解码模块不仅具有解码的功能，还要对接收的数据进行差错检测和控制字符检测。接收机控制器的解码模块同样采用纯组合逻辑的实现方案，主要是为了最大限度地满足接收机控制器高速解码的需求，同时以较少的资源来实现能够降低接收机的功耗。针对接收机控制器的数据链路层高达 12.5 Gbit/s 的数据传输速率，为了降低解码模块的工作频率，本书提出了采用四个 10B/8B 解码模块

并行处理的方案。该方案能够实现数据链路层 40B/32B 的解码，而工作时钟只需要 312.5MHz，这大大降低了解码电路的设计难度。40B/32B 解码电路中每个 10B/8B 模块根据输入 RD 值进行 RD 值错误检测和计算解码后新的 RD 值，用于下一个 10B/8B 模块的输入的 RD 值，如此循环往复完成 40 位到 32 位的解码操作，其电路整体结构如图 4.18 所示。该模块的端口描述如表 4.7 所示。

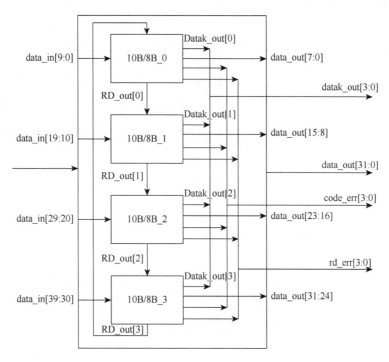

图 4.18　40B/32B 解码电路结构图

表 4.7　8B/10B 解码器端口描述

信号名称	位宽	方向	描述
clk	1	Input	时钟输入，等于链路时钟
rst_n	1	Input	复位信号，低电平有效
data_in	40	Input	40 位输入数据
data_out	40	Output	解码后输出的 40 位数据
datak_out	4	Output	控制字符指示信号
code_err	4	Output	编码错误指示信号
rd_err	4	Output	极性错误指示信号

本设计所提出的满足 JESD204B 标准协议的 8B/10B 解码电路主要包括：10B/8B 解码模块、控制字符检测模块、编码错误检测模块、RD 错误检测模块、RD 计算模块，其电路结构如图 4.19 所示。其中 10B/8B 解码模块是根据 8B/10B 编码映射关系对输入的 10

位数据直接解码得出解码后的 8 位数据，该模块采用组合逻辑实现。控制字符检测模块负责判断当前输入的 10 位编码是否为控制字符。编码错误检测模块负责判断当前输入的 10 位编码是否符合 8B/10B 的映射关系。RD 错误检测模块负责判断当前输入的 10 位编码与当前输入的 RD 值的极性是否匹配。RD 计算模块负责根据当前输入的编码以及 RD 值计算得出解码新的 RD 值。另外，这五个模块都是以纯组合逻辑来实现的，最后基于输入时钟 clk 对这五个模块的结果进行同步输出。

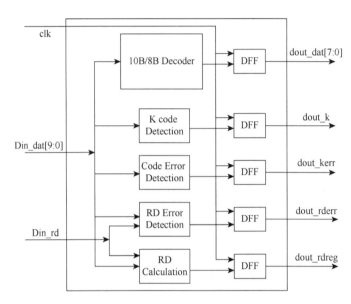

图 4.19　8B/10B 解码电路结构图

　　10B/8B 解码模块是整个解码模块的核心部分，其主要是通过 5B/6B 和 3B/4B 编码的映射关系表找出每位所对应的逻辑关系，直接对输入的十位数据解码输出，所以找出输出位 H、G、F、E、D、C、B、A 的取值逻辑表达式显得尤为关键。下面结合表 4.6 和表 4.7 的映射关系对输入的数据进行逻辑分析，并得出解码电路输出逻辑表达式。

　　首先对输入 dcba 四位中的 0 的个数和 1 的个数进行分类，分为五种类型：P04、P13、P22、P31 和 P40。其中 P04 表示零个 1 四个 0，P13 表示一个 1 和三个 0，依次类推。通过观察表 4.5 映射关系可知，A 与 a 的取值互为反码的有：D.0、D.16（RD＋）、D.1、D.2、D.4、D.8、D.7（RD＋）、D.15、D.31（RD＋）、D.23（RD＋）、D.27（RD＋）、D.29（RD＋）、D.30（RD＋）、D.24、K.28（RD＋），RD＋ 表示输入的数据选取的是 RD 为正的编码，没有标识的表示输入的数据选取的是 RD 为负的编码。除了上述列举之外的编码 A 与 a 具有一一对应的关系。现在对上述 A 与 a 互为反码的数据进行分类：D.0、D.16（RD＋）为类型 A1；D.1、D.2、D.4、D.8 为类型 A2；D.7（RD＋）为类型 A3；D.15、D.31（RD＋）为类型 A4；D.23（RD＋）、D.27（RD＋）、D.29（RD＋）1、D.30（RD＋）为类型 A5；D.24 为类型 A6；K.28（RD＋）为类型 A7。通过分析可以得出类型 A1、A2、A3、A4、A5、A6、A7 的逻辑关系表达式以及 A 与 a 对应关系逻辑表达为

$$A1 = P22 \& !b \& !c \& !(e \wedge i)$$

$$A2 = P31 \& i$$

$$A3 = P13 \& d \& e \& i$$

$$A4 = P22 \& !a \& !c \& !(e \wedge i)$$

$$A5 = P13 \& !e$$

$$A6 = a \& b \& e \& i$$

$$A7 = !c \& !d \& !e \& !i$$

$$A = (A1|A2|A3|A4|A5|A6|A7)?!a:a$$

同理可得，B 与 b 的取值互为反码的有：D.0（RD+）、D.16、D.01、D.2、D.4、D.8、D.7（RD+）、D.31、D.15（RD+）、D.23（RD+）、D.27（RD+）、D.29（RD+）、D.30（RD+）、D.24、K.28（RD+）。除此之外所有编码的 B 与 b 具有一一对应的关系。上述编码数据分类为：D.0（RD+）、D.16 为类型 B1；D.01、D.2、D.4、D.8 为类型 B2；D.7（RD+）为类型 B3；D.31、D.15（RD+）为类型 B4；D.23（RD+）、D.27（RD+）、D.29（RD+）、D.30（RD+）为类型 B5；D.24 为类型 B6；K.28（RD+）为类型 B7。通过分析可以得出类型 B1、B2、B3、B4、B5、B6、B7 的逻辑关系表达式以及 B 与 b 对应关系逻辑表达式为

$$B1 = P22 \& b \& c \& !(e \wedge i)$$

$$B2 = P31 \& i$$

$$B3 = P13 \& d \& e \& i$$

$$B4 = P22 \& a \& c \& !(e \wedge i)$$

$$B5 = P13 \& !e$$

$$B6 = a \& b \& e \& i$$

$$B7 = !c \& !d \& !e \& !i$$

$$B = (B1|B2|B3|B4|B5|B6|B7)?!b:b$$

C 与 c 的取值互为反码的有：D.0（RD+）、D.16、D.1、D.2、D.4、D.8、D.7（RD+）、D.31（RD+）、D.15、D.23（RD+）、D.27（RD+）、D.29（RD+）、D.30（RD+）、D.24（RD+）、K.28（RD+）。除此之外所有编码的 C 与 c 具有一一对应的关系。用同样的分类方法对编码数据分类为：D.0（RD+）、D.16 为类型 C1；D.1、D.2、D.4、D.8 为类型 C2；D.7（RD+）为类型 C3；D.31（RD+）、D.15 为类型 C4；D.23（RD+）、D.27（RD+）、D.29（RD+）、D.30（RD+）为类型 C5；D.24（RD+）为类型 C6；K.28（RD+）为类型 C7。通过分析可以得出类型 C1、C2、C3、C4、C5、C6、C7 的逻辑关系表达式以及 C 与 c 对应关系逻辑表达式为

$$C1 = P22 \& b \& c \& !(e \wedge i)$$

$$C2 = P31 \& i$$

$$C3 = P13 \& d \& e \& i$$

$$C4 = P22 \& !a \& !c \& !(e \wedge i)$$

$$C5 = P13 \& !e$$

$$C6 = !a \& !b \& !e \& !i$$

$$C7 = !c \& !d \& !e \& !i$$

$$C = (C1|C2|C3|C4|C5|C6|C7)?!c:c$$

同理可以得出 D 与 d 取值互为反码的分类：D.0、D.16（RD＋）为类型 D1；D.1、D.2、D.4、D.8 为类型 D2；D.7（RD＋）为类型 D3；D.15（RD＋）、D.31 为类型 D4；D.23（RD＋）、D.27（RD＋）、D.29（RD＋）、D.30（RD＋）为类型 D5；D.24 为类型 D6；K.28（RD＋）为类型 D7。除此之外所有编码的 D 与 d 具有一一对应的关系。通过分析可以得出类型 D1、D2、D3、D4、D5、D6、D7 的逻辑关系表达式以及 D 与 d 对应关系逻辑表达式为

$$D1 = P22 \,\&\, !b \,\&\, !c \,\&\, !(e \wedge i)$$
$$D2 = P31 \,\&\, i$$
$$D3 = P13 \,\&\, d \,\&\, e \,\&\, i$$
$$D4 = P22 \,\&\, a \,\&\, c \,\&\, !(e \wedge i)$$
$$D5 = P13 \,\&\, !e$$
$$D6 = a \,\&\, b \,\&\, e \,\&\, i$$
$$D7 = !c \,\&\, !d \,\&\, !e \,\&\, !i$$
$$D = (D1 \,|\, D2 \,|\, D3 \,|\, D4 \,|\, D5 \,|\, D6 \,|\, D7)?!d : d$$

E 与 e 取值互为反码的分类：D.0、D.16（RD＋）为类型 E1；D.1（RD＋）、D.2（RD＋）、D.4（RD＋）、D.8（RD＋）为类型 E2；D.7（RD＋）为类型 E3；D.15、D.31（RD＋）为类型 E4；D.23（RD＋）、D.27（RD＋）、D.29（RD＋）、D.30（RD＋）为类型 E5；D.24（RD＋）为类型 E6；K.28（RD＋）为类型 E7。除此之外所有编码的 E 与 e 具有一一对应的关系。通过分析可以得出类型 E1、E2、E3、E4、E5、E6、E7 的逻辑关系表达式以及 E 与 e 对应关系逻辑表达式为

$$E1 = P22 \,\&\, !b \,\&\, !c \,\&\, !(e \wedge i)$$
$$E2 = P31 \,\&\, !i$$
$$E3 = P13 \,\&\, d \,\&\, e \,\&\, i$$
$$E4 = P22 \,\&\, !a \,\&\, !c \,\&\, !(e \wedge i)$$
$$E5 = P13 \,\&\, !e$$
$$E6 = !a \,\&\, !b \,\&\, !e \,\&\, !i$$
$$E7 = !c \,\&\, !d \,\&\, !e \,\&\, !i$$
$$E = (E1 \,|\, E2 \,|\, E3 \,|\, E4 \,|\, E5 \,|\, E6 \,|\, E7)?!e : e$$

F 与 f 取值互为反码的分类：Dx.0、Kx.0 为类型 F1；Kx.1、Kx.2、Kx.4、Kx.5、Kx.6 为类型 F2；Dx.3（RD＋）、Kx.3（RD＋）为类型 F3；Dx.4、Kx.4 为类型 F4；Dx.P.7（RD＋）为类型 F5；Dx.A.7、Kx.7 为类型 F6；除上述列举数据之外所有编码的 F 与 f 具有一一对应的关系。通过分析可以得出类型 F1、F2、F3、F4、F5、F6 的逻辑关系表达式，并由此得出 F 和 f 对应关系逻辑表达式为

$$F1 = f \,\&\, h \,\&\, j$$
$$F2 = !c \,\&\, !d \,\&\, !e \,\&\, !i \,\&\, (h \wedge j)$$
$$F3 = !f \,\&\, !g \,\&\, h \,\&\, j$$
$$F4 = f \,\&\, g \,\&\, j$$
$$F5 = !f \,\&\, !g \,\&\, !h$$

$$F6 = g \& h \& j$$
$$F = (F1 | F2 | F3 | F4 | F5 | F6)?! f : f$$

同理可以得出 G 与 g 取值互为反码的分类：Dx.0（RD＋）、Kx.0（RD＋）为类型 G1；Kx.1、Kx.2、Kx.4、Kx.5、Kx.6 为类型 G2；Dx.3（RD＋）、Kx.3（RD＋）为类型 G3；Dx.4、Kx.4 为类型 G4；Dx.P.7（RD＋）为类型 G5；Dx.A.7（RD＋），Kx.7（RD＋）为类型 G6；除上述列举数据之外所有编码的 G 与 g 具有一一对应的关系。通过分析可以得出类型 G1、G2、G3、G4、G5、G6 的逻辑关系表达式，并由此得出 G 与 g 对应关系逻辑表达式为

$$G1 = ! f \& ! h \& ! j$$
$$G2 = ! c \& ! d \& ! e \& ! i \& (h \wedge j)$$
$$G3 = ! f \& ! g \& h \& j$$
$$G4 = f \& g \& j$$
$$G5 = ! f \& ! g \& ! h$$
$$G6 = ! g \& ! h \& ! j$$
$$G = (G1 | G2 | G3 | G4 | G5 | G6)?! g : g$$

H 与 h 取值互为反码的分类：Dx.0、Kx.0 为类型 H1；Kx.1、Kx.2、Kx.4、Kx.5、Kx.6 为类型 H2；Dx.3（RD＋）、Kx.3（RD＋）为类型 H3；Dx.4、Kx.4 为类型 H4；Dx.P.7（RD＋）为类型 H5；Dx.A.7（RD＋）、Kx.7（RD＋）为类型 H6；除上述列举数据之外所有编码的 H 与 h 具有一一对应的关系，通过分析可以得出类型 H1、H2、H3、H4、H5、H6 的逻辑关系表达式，并由此得出 H 与 h 对应关系逻辑表达式为

$$H1 = f \& h \& j$$
$$H2 = ! c \& ! d \& ! e \& ! i \& (h \wedge j)$$
$$H3 = ! f \& ! g \& h \& j$$
$$H4 = f \& g \& j$$
$$H5 = ! f \& ! g \& ! h$$
$$H6 = ! g \& ! h \& ! j$$
$$H = (H1 | H2 | H3 | H4 | H5 | H6)?! h : h$$

1. 控制字符检测模块实现

控制字符检测模块的实现主要是根据其编码映射关系，分析出控制字符对应的逻辑表达式，当输入数据满足逻辑表达式时，该输入数据为控制字符，否则不是控制字符。通过观察 8B/10B 编码控制字符映射关系表，控制字符可以分类为：K28.0～K28.7（RD–）为类型 K1；K28.0～K28.7（RD＋）为类型 K2；K23.7（RD＋）、K27.7（RD＋）、K29.7（RD＋）、K30.7（RD＋）类型 K3；K23.7、K27.7、K29.7、K30.7 为类型 K4。通过分析可以得出类型 K1、K2、K3、K4 的逻辑关系表达式，并由此得出 K 与 k 对应关系逻辑表达式为

$$K1 = c \& d \& e \& i$$
$$K2 = !c \& !d \& !e \& !i$$
$$K3 = P13 \& !e \& i \& g \& h \& j$$
$$K4 = P31 \& e \& !i \& !g \& !h \& !j$$
$$K = K1 | K2 | K3 | K4$$

2. RD 错误检测模块实现

RD 错误检测是编解码极性同步检测，确保编码数据的直流平衡特性以及实现 40B/32B 解码并行处理方案的关键问题。该模块负责检验当前 RD 值与编码的极性是否匹配，主要包含两部分：6B 编码的极性检测、4B 编码的极性检测，其实现逻辑如图 4.20 所示。这种拆分的检测方法相比 10B 整体极性检测所需要的资源更少，速度也更快。6B 的极性检测通过判断当前输入 6B 的极性与输入的 RD 值相比较，如果不一致，则 RD_err 置位。如果判断出当前输入 6B 极性为中性，由于完全均等码前后的极性不会发生翻转，所以不进行 RD 错误检测。4B 的极性检测根据 6B/5B 解码后极性 RD1 与当前 4B 编码的极性相比较，如果不一致，则 RD1 值错误。如果判断出当前输入 4B 数据的极性为中性，同样不进行 RD 错误检测。此外，RD 值与 RD1 值任何一个发生错误，则 RD 检测模块都会报错，输出高电平。从上面的论述可知，6B 编码和 4B 编码极性的检测是 RD 错误检测模块得以实现的基础。6B 极性分为三种类型：+2、–2、0，分别用 rd1p、rd1n 和 rd1e 表示。根据 5B/6B 编码映射关系表可知，编码后极性为 +2 的 6B 有：100111、010111、011011、110011、101011、001111，则其对应的逻辑表达式为 P22 & e & i；011101、101101、110101、111001、111010、101110、011110，则其对应的逻辑表达式为 P31 & !(!e & !i)；111000，则其对应的逻辑表达式为 P31 & !d & !e & !i。综合上述情况可以得出 rd1p 的逻辑表达式为

$$rd1p = P22 \& e \& i | P13 \& !(e \& i) | P13 \& !d \& !e \& !i$$

由于正极性编码和负极性编码后的 6B 数据互为反码，则可以由 rd1p 直接推出 rd1n 的逻辑表达式为

$$rd1n = P22 \& !e \& !i | P31 \& !(!e \& !i) | P31 \& d \& e \& i$$

同样可以得出编码后极性为 0 的 6B 有：110001、101001、011001、100101、001101、110010、101010、011010、100110、010110、001110，则其对应的逻辑表达式为 P22&（e^i）；110100、101100、011100，则其对应的逻辑表达式为 P31 & d & !e & !i；100011 对应的逻辑表达式为 P13 & !d & e & i；111000、000111，其对应的逻辑式为 rd_special = a & b & c & !d & !e & !i | !a & !b & !c & d & e & i。综上所述可以得出 rn1e 的逻辑表达式为

$$rd1e = P22 \& (e \wedge i) | P31 \& !d \& !e \& !i | P13 \& !d \& e \& i$$
$$rd\_special = a \& b \& c \& !d \& !e \& !i | !a \& !b \& !c \& d \& e \& i$$

根据 3B/4B 编码映射关系表可知，编码后 4B 不均等性值为 +2 的有 1110、1101、1011、0111、1100，用 rd2p 表示，则其对应的逻辑表达式为

$$rd2p = f \& g \& h | f \& g \& j | f \& h \& j | g \& h \& j | f \& g \& !h \& !j$$

由于正极性编码和负极性编码互为反码，编码后 4B 不均等性值为–2 的逻辑表达式为

$$rd2n = !f \& !g \& !h | !f \& !g \& !j | !f \& !h \& !j | !g \& !h \& !j | !f \& !g \& h \& j$$

对于特殊的编码 1100、0011，在编码前后极性不发生翻转，其对应的逻辑表达式为

$$rd2\_special = (!f \& !g \& h \& j) | (f \& g \& !h \& !j)$$

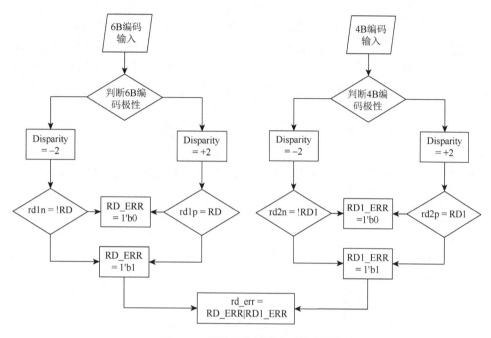

图 4.20　极性错误检测电路结构图

3. RD 计算模块实现

RD 计算模块的实现主要分为两个部分：第一部分计算输入 6B 数据对应 5B/6B 编码后的极性值，第二部分计算输入 4B 数据对应 3B/4B 编码后的极性值。低六位数据对应 5B/6B 编码后的极性值主要是通过当前 6B 数据的不均等值 rd1p、rd1n 以及输入极性值 din_rd 值计算得出的，用 RD1 表示。高四位数据对应 3B/4B 编码后的极性值主要是通过当前 4B 数据的不均等值 rd2p、rd2n 以及输入极性值 RD1 计算得出的，用 dout_rdcomb 表示。该模块最终输出的极性值用于下一个 8B/10B 解码模块输入 RD 错误检测模块进行极性计算，以及输入 RD 计算模块进行新的极性值计算。可以得出 RD1 和 dout_rdcomb 的逻辑表达式为

$$RD1 = rd1p ? !rd1\_special : (rd1n) ? rd1\_special : din\_rd$$
$$dout\_rdcomb = rd2p ? !rd2\_special : (rd2n) ? rd2\_special : RD1$$

4. 错误码检测模块实现

错误码检测电路是整个 8B/10B 编解码电路的关键所在，同时也是整个 JESD204B 协议标准数据链路层实现对接收数据的实时监控、确保收发机系统数据正确传输的重要组成部分。错误码检测模块主要是负责检测出不符合编码规则的码字。错误码字的错误类型一

般包含两种：一种是该码字 6B 和 4B 不存在于 5B/6B 编码映射关系表或 3B/4B 编码映射关系表；另一种是该码字的 6B 和 4B 都存在于对应的编码映射关系表中，但是不符合 8B/10B 编码规则，如非均等编码 6B 和 4B 编码极性未发生翻转或者编码产生了五个连续 0 或者五个连续 1 码字。

分别对可能的错误码型进行分类，错误码类型用 ERRx 表示。对于 5B/6B 编码可能存在的错误码有：0000xx 为错误码类型 ERR1；1111xx 为错误码类型 ERR2；100000、010000、00100、000100 为错误码类型 ERR3；111011、110111、101111、011111 为错误码类型 ERR4。对于 3B/4B 编码可能存在的错误码有：1111 为错误码类型 ERR5；0000 为错误码类型 ERR6。

对于 5B/6B 编码为非均等编码，3B/4B 编码极性未翻转而产生的错误码类型用 ERR7 表示。

对于特殊码型 Dx.7 的 3B/4B 编码选取 Dx.P7、Dx.A7 错误而造成的错误类型码，主要包括以下几种类型：3B/4B 选取 Dx.A7 的 1110，当 6B 编码为 110000 或者 xxxx11 时不符合编码规则，则此错误码类型用 ERR8 表示。3B/4B 选取 Dx.A7 的 0001，当 6B 编码为 001111 或者 xxxx00 时不符合编码规则，此错误码类型用 ERR9 表示。

3B/4B 编码选取 Dx.P7 的 0111，当 6B 编码不符合（rd1<0 & e=i=1）或（rd1>0 & e=i=0）条件时而造成的编码错误，用 ERR9 表示。比如，当 e=i=0 时，除了 110000 之外的所有编码；当 e=0 & i=1 时，除了 Kx.7 之外的所有编码；当 e=i=1 时，除了 D17.7、D18.7、D20.7 之外的所有编码；当 e=1 & i=0 时，所有的编码。

3B/4B 选取 Dx.P7 的 1000，当 6B 编码不符合（rd1<0 & e=i=1）或（rd1>0 & e=i=0）条件时而造成的编码错误，用 ERR10 表示。比如，当 e=i=1 时，除了 001111 之外的所有编码。当 e=1 & i=0 时，除了 Kx.7 之外的所有编码；当 e=i=0 时，除了 D11.7、D13.7、D14.7 之外的所有编码；当 e=0 & i=1 时，所有的编码。

通过分析得出上述所有错误类型的逻辑关系表达式，并由此得出 code_err 的逻辑关系表达式为

ERR1 = P04

ERR2 = P40

ERR3 = P13 & !e & !i

ERR4 = P31 & e & i

ERR5 = f & g & h & j

ERR6 = !f & !g & !h & !j

ERR7 = rd2_err & !rd1e

ERR8 = a & b & !c & !d & !e & !i & f & g & h & !j | e & i & f & g & h & !j

ERR9 = !(P22 & !c & !d) & !e & !i & !f & g & h & j | !(P13) & !e & i & !f & g & h & j | !(P13 & (a|b|c)) & e & i & !f & g & h & j | e & !i & !f & g & h & j

ERR10 = !(P22 & c & d) & e & i & f & !g & !h & !j | !(P13) & e & !i & f & !g & !h & !j | !(P13 & (!a|!b|!c)) & !e & !i & f & !g & !h & !j | !e & i & f & !g & !h & !j

code_err = ERR1 | ERR2 | ERR3 | ERR4 | ERR5 | ERR6 | ERR7 | ERR8 | ERR9 | ERR10

40 位数据 8B/10B 解码后的仿真结果如图 4.21 所示,输入数据 data_in = 40′h5f2835f283,控制字符检测结果 datak_out = 4′hf,表示该输入为四个控制字符。编码错误检测结果 code_err = 4′h0 和极性错误检测结果 rd_err = 4′h0,表示该输入无编码错误和极性错误。8B/10B 解码模块输出数据 data_out = 32′hbcbcbcbc。

图 4.21　40 位 8B/10B 解码仿真结果

输入数据低十位 data_in[9：0] = 10′h283 解码仿真结果如图 4.22 所示,6B 数据的不均等性值 rd1n = 1′b1,输入极性值 din_rd = 1′b1,则 6B 数据极性错误检测结果 rd1_err = 1′b0,计算得出对应 5B/6B 编码后的极性值 rd1 = 1′b0。4B 数据的不均等性值 rd2p、rd2n 都为 0,3B/4B 为中性编码,则极性计算模块输出的最终极性值 dout_rdcomb = rd1 = 1′b0,4B 数据极性错误检测结果 rd2_err = 1′b0。极性错误模块最终检测结果 dout_rderr = rd1_err|rd2_err = 1′b0,编码错误检测模块检测结果 dout_kerr = 1′b0,表明当前十位输入数据没有极性错误和编码错误。控制器字符检测模块检测结果 dou_k = 1′b1,表示当前 10 位输入数据为控制字符。10 位输入数据 8B/10B 解码后输出结果 dout_dat[7：0] = 8′hbc。

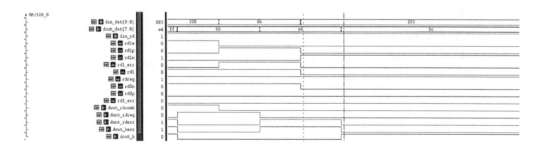

图 4.22　低 10 位输入数据 8B/10B 解码仿真结果

次 10 位输入数据 data_in[19：10] = 10′h17c 解码仿真结果图 4.23 所示,6B 数据的不均等性值 rd1p = 1′b1。输入极性值 din_rd 为上一个 8B/10B 解码模块极性输出 dout_rdcomb = 1′b0,则 6B 数据极性错误检测结果 rd1_err = 1′b0,计算得出对应 5B/6B 编码后的极性值 rd1 = 1′b1。4B 数据的不均等性值 rd2p、rd2n 都为 0,3B/4B 为中性编码,则极性计算模块输出的最终极性值 dout_rdcomb = rd1 = 1′b1,4B 数据极性错误检测结果 rd2_err = 1′b0。极性错误模块检测结果 rd_err = rd1_err|rd2_err = 1′b0,编码错误检测模块检测结果 dout_kerr = 1′b0,表明当前 10 位输入没有极性错误和编码错误。控制器字符检测模

块检测结果 dou_k = 1'b1，表示当前 10 位输入数据为控制字符。10 位输入数据 8B/10B 解码后输出结果 dout_dat[7：0] = 8'hbc。按照低 10 位到高 10 位的顺序对 40 位输入数据依次解码，得到解码后输出数据 data_out[31：0] = 32'hbcbcbcbc。由于在初始极性 din_rd = 1'b1 条件下对数据 32'hbcbcbcbc 参照 5B/6B 和 3B/4B 映射关系表得到编码后的数据为 40'h5f2835f283，与解码器输入数据保持一致，所以 40 位 8B/10B 解码模块功能正确实现。

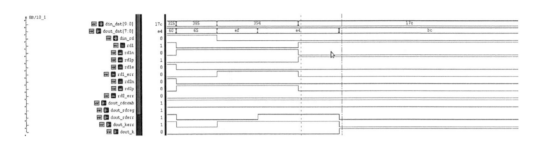

图 4.23　次 10 位输入数据 8B/10B 解码仿真结果

4.2.4　解帧器的设计原理及实现方案

传输层是 JESD204B 标准协议中重要的组成部分，位于应用层和链路层之间，主要负责应用层和链路层之间的数据格式的转换，保证数据在两者之间的高效传输。发送机传输层的作用是根据系统的相关配置把转换器采样样本映射成数据链路层数据传输的帧格式。因此，发送机传输层可以称为组帧器。接收机的传输层是解帧器，主要负责把数据链路层的帧数据解帧为转换器的采样样本格式。按照 JESD204B 协议规定，接收机的传输层支持四种映射格式。

（1）单通道链路到单个转换器的映射。

（2）多通道链路到单个转换器的映射。

（3）单通道链路到同一个器件内的多个转换器的映射。

（4）多通道链路到同一个器件内的多个转换器的映射。

传输层主要根据相关配置参数完成组帧和解帧操作，所以了解相关的配置参数显得尤为重要。相关配置参数如表 4.8 所示。JESD204B 协议规定，用户可以根据转换器的可支持配置选择参数组合。这些传输层可以将数据链路层的一帧数据转换成转换器的一个或多个采样样本。一帧通常包含整数个 8 位字节，其所包含的字节数用 F 表示。如果转换器中的采样数据位数不能满足 8 位字节的整数倍，则需要使用尾比特位 tail 和控制字对剩余位进行填充。尾比特位是传输层中用于补全 8 位字节的字符，可以单独在每个样本后添加，也可与控制字一起添加，添加控制字的数据用 CS 表示。一般来说，控制字节可以为 0 和 1，尾比特位可以为 1、0 或者随机数。每个帧周期每个转换器参与组帧的采样样本个数称为 S，一般采用 S 为 1 使得采样时钟与帧时钟同频。对一个解帧器来说，其输出位宽由每个器件内的转换器的数据 M、每帧周期每个转换器采样样本数目 S 和转换器的分辨率 N 来控制，即位宽等于 M*N*S。

表 4.8　配置参数描述

配置参数	描述
CS	每帧周期每个样本的控制位数量，当 CF = 0 时，控制位时钟附加在每个采样样本的后面，当 CF = 1 时，控制位附加在每个帧后面
CF	每个链路每个帧周期控制字的数目
F	每帧数据包含 F 个字节
HD	高密度数据模式，HD = 1 则转换器样本分配到 1 个以上的通道中
L	每个器件的通道数目
M	每个器件的转换器数目
N	转换器的分辨率
N'	半字节组大小，必须为 4 的倍数，包括转换器样本、控制位和结束位
S	每个帧周期每个转换器包含 S 个样本
K	每个多帧包含 K 个帧
Tail	尾比特位

如果同一个器件内包含 M 个转换器，每个帧周期每个转换器包含 S 个采样样本，每个采样样本的位宽为 N，则组帧器输入数据的位宽为 $M*N*S$。$F = (M*S*N')/(8L)$，其中，N' 为半字节组大位宽，一般设为 16；通道数 L 的取值范围为 $1 \leqslant L \leqslant 8$，转换器的分辨率 N 可取值（12, 13, 14, 15, 16），每个帧的字节数为 F 可取值（1, 2, 4, 8）。每个样本中可添加的控制位个数 CS 取值为 0、1 或 2。当 CF = 0 时，采样样本中不含控制字，即控制位被视为样本数据字中的一部分，然后在每个采样样本后填充尾比特位 T 扩展为半字节组，如图 4.24 所示。当 CF = 1 时，数据和控制字在不同的帧，并且每个未满 8 位的字节用下一个转换器的样本进行补全。如果需要控制字后可以添加尾比特位进行补全，如图 4.25 所示。

图 4.24　不使用控制字的数据映射格式

图 4.25　使用控制字的数据映射格式

F 值的不同，其对应的组帧方式也略有差别，主要区别在于样本组成一个半字节组后是否要拆分交换半字节组的 MSB（最高有效位）和 LSB（最低有效位）组成新的半字节组。

发送机组帧过程如图 4.26 所示。该器件内可有两个转换器，每个转换器分辨率 N 位 14，每个帧周期每个转换器采样单个样本数据，即 S 为 1。由于 $N = 14$，则在转换器采样样本未满 8 字节的末尾填充控制位 C 和尾比特位 T 组成字 word[15：2, C, T]；若 $N = 13$，则组成的字为 word[15：3, C, T, T]，控制位必须紧跟数据位。当 $F = 1$，$L = 4$ 时，需要将每个 word 拆分为 word[15：8]和 word[7：0]，并且将所有字的 word[7：0]按照先后顺序发送到通道 0 和通道 2，所有字的 word[15：8]按先后顺序发送到通道 1 和通道 3。

当 F 为 2、4 或 8 时，不需要交换每个字的高低字节，只需要每个字两两交换组成 F 个字节发送到对应的通道中。如图 4.27 所示，其为 $F = 4$，$L = 1$，$N = 14$，$N' = 16$，CS = 1，CF = 0 的映射方式。两个转换器每个帧周期采样 1 个样本 S0，S1。每个样本末尾添加控制位 C 和尾比特位 T 组成一个完整的 word，最后将 word0 和 word1 交换组成 Oct0、Oct1、Oct2、Oct3 的 4 字节数据包映射到通道 0 中。

在 JESD204B 标准协议中，数据链路层和传输层的数据是并行传输的，而并行数据总线的位宽一般受串行数据通道的速率的影响，串行速率越高，数据总线的宽度越宽。协议规定，串行速率超过 6 Gbit/s 的传输系统，需要采用 32 位的并行数据总线。由于本书提出的接收机控制器的传输速率最高达 12.5 Gbit/s，所以传输层和数据链路层采用 32 位的并行数据总线。

接收机控制器的器件时钟是输入的参考时钟，而转换器的工作时钟可以直接采用器件时钟，也可采用其分频后的时钟。在很多应用中，一般设置每个帧周期每个转换器的采样样本个数 $S = 1$，使得转换器的工作时钟与帧时钟保持一致。本设计可支持两个 250 MSPS、14 位分辨率的 ADC 帧组装数据的解帧，即 $M = 2$，$N = 14$。由于数据链路层的并行数据总线为 32 位，所以 $N' = 16$，$F = 4$，从而使得帧时钟与数据链路层的链路时钟可以共用一个时钟，这大大降低了收发机系统时钟的设计难度。本接收机采用单通道的传输模式，即 $L = 1$；其通道传输速率为

$$\text{通道速率} = \frac{M \times S \times N' \times \dfrac{10}{8} \times FC}{L} = \frac{2 \times 1 \times 16 \times \dfrac{10}{8} \times 250}{1} = 10 \ (\text{Gbit/s})$$

数据链路层帧数据的解帧映射方式如图 4.28 所示。数据链路层输出的 32 位帧数据由高位到低位分别为 Oct0、Oct1、Oct2、Oct3，并行输入解帧器。解帧器首先对 32 位数据交换高 16 位与低 16 位，高 16 位数据组成 word1，低 16 位组成 word0。由于配置参数 CF = 0，所以 word0 和 word1 的高 8 位 Oct0、Oct2 都是数据位，低 8 位 Oct1、Oct3 高 6 位为数据位，低 2 位为控制位和尾比特位组成的填充位。本设计中规定填充的尾比特位 T 为 1'b0，控制位 C 为 1b'1，填充的控制位的个数由系统的配置参数 CS 决定。解帧器分别对 word0 和 word1 去除填充位 word0[1：0]、word1[1：0]，得到发送机传输层参与组帧 14 位采样数据 S0、S1。最后，将得到的两个采样数据 S0，S1 分别发送给接收机所支持的转换器 M0、M1。本书设计的接收机控制器单通道可支持两个 14 位分辨率、250 MSPS 的 DAC。

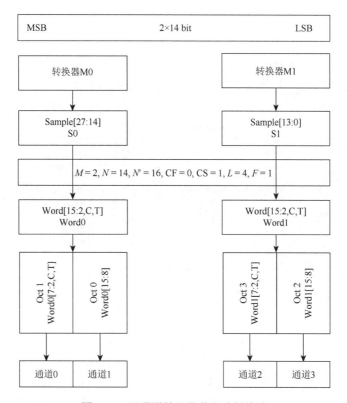

图 4.26　四通道帧组装数据映射格式

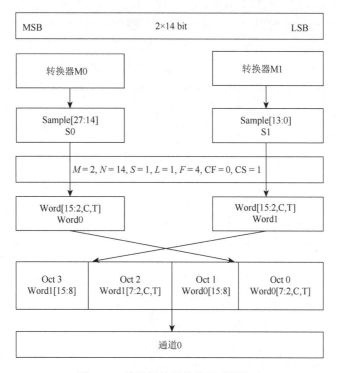

图 4.27　单通道帧组装数据映射格式

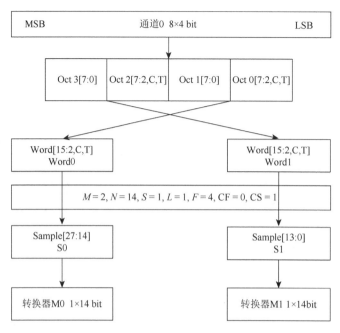

图 4.28　单通道解帧数据映射格式

解帧器的端口描述如表 4.9 所示。Control_data 是输出的帧数据中填充的控制位数据，其值可为 2′b00、2′b10、2′b11，分别对应输入 CS 的配置值 0、1、2。本设计中的通道数 l，转换器分辨率 n 以及每帧的字节数 f 都是不改变的，固定配置为 l = 1、n = 14、f = 4。根据接收机控制器的相关配置参数，其单通道可支持转换器数目 M = 2，分辨率 N = 14。解帧器的算法流图如图 4.29 所示。解帧器首先将输入的 32 位并行数据高 16 位与低 16 位互换位置存入 Deassemdata_reg[31：0]，然后根据控制位个数 CS 的值将 Deassemdata_reg[31：0]中所填充的控制位通过 controldata_out[3：0]输出。最后，解帧器分别将高 16 位中数据位 Deassemdata_reg[31：18]和低 16 位中数据位 Deassemdata_reg[15：2]按高低位顺序组合通过 Deassemdata_out[27：0]输出，从而完成了数据链路层帧数据的解帧操作。

表 4.9　解帧器的端口描述

信号名称	位宽	方向	描述
clk	1	Input	帧时钟输入，等于链路时钟
rst_n	1	Input	复位信号，低电平有效
Deassemdata_in	32	Input	40 位输入数据
l	5	Input	通道数量配置参数
f	8	Input	每帧字节数目
n	5	Input	ADC 分辨率
CS	2	Input	控制字数目
Deassemdata_out	28	Output	解码后输出的 40 位数据
controldata_out	4	Output	控制字数据输出

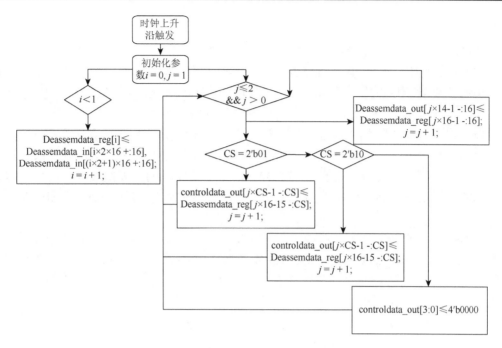

图 4.29　解帧器算法流程图

当 CS = 2′b00 时，解帧器仿真结果如图 4.30 所示。输入数据 link_tprt_rx_datain[31：0] = 32′h0100_0101_0111_0100_0011_0111_0101_1000，解帧器根据解帧原理首先将输入数据高 16 位与低 16 位互换位置得 f4_rx_datain。此时：f4_rx_datain[31：16] = 16′h0011_0111_0101_1000，f4_rx_datain[15：0] = 32′h0100_0101_0111_0100。然后，解帧器分别将高 16 位数据和低 16 位数据中 14 位样本分别取出，得到解帧器输出的高 14 位和低 14 位数据，tprt_avalon_rx_data[27：14] = 14′h0011_0111_0101_10，tprt_avalon_rx_data[13：0] = 14′h0100_0101_0111_01，则解帧器输出 tprt_avalon_rx_data[27：0] = 28′h0011_0111_0101_1001_0001_0101_1101。由于 CS = 2′b00，所以解帧器控制字输出 tprt_avalon_rx_control = 4′b0。

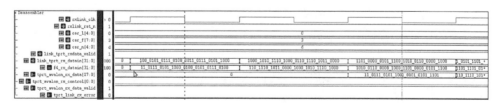

图 4.30　解帧器仿真结果图

4.2.5　控制字符检测与替换的设计原理及实现方案

由 JESD204B 标准协议可知，接收机数据链路层通过使用控制字符/K/、/F/、/A/、/R/ 和/Q/来实现码组同步、初始化通道对齐、接收用户数据三个阶段。码组同步阶段通过正确接收四个连续/K/码作为判断接收机同步的依据，而初始化通道对齐和接收用户数据两个阶段如果累积接收四个连续 K 码，则需要重新进行同步。初始化通道对齐阶段通过对/K/、/R/两个连续字符的检测判断初始化对齐序列的起始位置；对最后一个/A/字符的检测判断数据帧的起始位置进而根据链路配置参数 F 得到数据帧的帧尾的位置。由于初始化通道对齐阶段和接收用户数据阶段分别使用/A/、/F/码进行码替换，接收机检测到/A/和/F/码时根据是否支持通道同步及加扰用相对应的数据替换当前帧尾的对齐码。另外，接收链路层在整个工作状态通过对控制符的实时检测以及 8B/10B 编码错误反馈信号来判断是否出现错误的或者意外的控制字符，从而实现链路数据传输正确性的监控。因此，控制字符检测与替换是整个 JESD204B 链路层实现的重要组成部分。本书根据 JESD204B 协议的规定以及各种功能的需求，提出了字符检测及替换模块的设计，符合上述要求。

由 8B/10B 编码原理可知，五种控制字符/R/、/A/、/Q/、/K/和/F/对应的 8 位编码值分别为：8′h1C、8′h7C、8′h9C、8′hBC、8′hFC。控制字符检测及替换模块将 32 位数据分为 4 个字节，分别对每个字节判断是否等于五种控制字符对应的编码值。如果相等，且当前输入编码错误指示信号 rxnotintable 无效、控制字符指示信号 rxcharisk 有效，则将该字节对应的检测结果指示信号置位。五种控制字符的检测结果分别用 is_r_e[3：0]、is_a_e[3：0]、is_q_e[3：0]、is_k_e[3：0]、is_f_e[3：0]表示。当 is_k_e = 4′b0001 时，表示此刻输入 rxdata[7：0]为/K/控制字符；当 is_k_e = 4′b0010 时，表示此刻输入 rxdata[15：8]为/K/控制字符；当 is_k = 4′b0100 时，表示此刻输入 rxdata[23：16]为/K/控制字符；当 is_k_e = 4′b1000 时，表示此刻输入 rxdata[31：24]为/K/控制字符，以此类推。对于错误码字及意外控制字符的检测结果用 is_i_e[3：0]表示，当输入极性错误指示信号 rxdisperr、编码错误指示信号 rxnotintable 和错误接收控制字符指示信号 unexpected_k 任意一个有效时，每个字节相对应指示信号 is_i_e 的位置高。例如，当 is_i_e = 4′b0001 时，输入数据 rxdata[7：0]为错误的传输数据。

由第 2 章对齐字符插入及替换原理可知，控制字符的替换只针对用户数据，并且控制字符的替换方式由链路配置数据中的加扰使能 scramb_enable 和多通道对齐使能信号 support_lane_sync 决定。而接收机控制器的对齐码替换直接判断帧尾是否为对齐码/A/或/F/进行下一步操作，不需要具体辨别是多帧帧尾还是帧尾，故只需判断是否加扰使能即可。本书根据 JESD204B 协议中的对齐字符替换原理，提出了符合要求的控制字符替换实现方案，主要包含以下步骤。

（1）根据接收机用户配置参数判断是否加扰，加扰数据不需要本模块进行替换处理，直接传输到解扰器解扰。

（2）根据输入的帧尾位置指示信号 end_of_frame_a 判断输入的四个字节是否为帧尾字节。如果不是帧尾，则不做处理。

（3）根据控制字符/F/、/A/检测结果指示信号 is_f_e、is_a_e 判断出当前帧尾是否为对齐字符。如果是对齐字符，则用上一帧的帧尾数据 last_octet_of_frame 替换当前帧尾数据；否则，将该帧尾数据保存到 last_octet_of_frame 用于下一个对齐字符的替换。整个对齐码替换的算法实现流程图如图 4.31 所示。

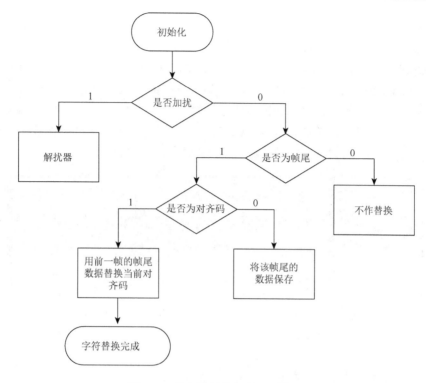

图 4.31　控制字符替换算法流程图

控制字符的检测与替换模块的端口描述如表 4.10 所示。其中 rxdata、rxcharisk、rxdisperr、rxnotintable 是接收机 8B/10B 解码器输出的信号，scram_enable 由用户配置输入。end_of_frame_a、unexpected_k 由接收机状态机产生的指示信号。

表 4.10　控制字符检测与替换模块端口描述

信号名称	位宽	方向	描述
clk	1	Input	接收机链路时钟
rxdata	32	Input	输入数据
rxcharisk	4	Input	控制字符指示信号
rxdisperr	4	Input	8B/10B 编码极性错误指示信号
rxnotintable	4	Input	编码错误指示信号
scram_enable	4	Input	加扰使能信号
end_of_frame_a	4	Input	帧尾指示信号
unexpected_k	4	Input	错误接收控制字符指示信号
is_r_e	4	Output	/R/字符检测指示信号
is_a_e	4	Output	/A/字符检测指示信号
is_q_e	4	Output	/Q/字符检测指示信号
is_k_e	4	Output	/K/字符检测指示信号
is_f_e	4	Output	/F/字符检测指示信号
is_i_e	4	Output	数据错误指示信号
descram_din	32	Output	对齐码替换后的数据

　　该模块的仿真结果如图 4.32 所示。图中 scram_enable 为低电平，输入不加扰。rxdata_d、rxcharisk_d、last_is_a、last_is_f 分别是 rxdata、rxcharisk、is_a_e、is_f_e 延迟三个周期的数据。end_of_frame_a = 4′b0001 表示输入 32 位数据最低位字节 rxdata_d[7：0]为帧尾。当 rxdata_d = 32′h0000_00fc 时，8 位字节 fc 为帧尾；rxcharisk_d = 1′b1 以及 last_is_f = 1′b1，表明该帧尾 fc 是对齐码，则用上一帧的帧尾数据 last_octet_of_frame 中的 0 替换当前帧尾 fc，从而得到替换后的 32 位数据 descram_din = 32′h0000_0000。从仿真结果可以看出，该模块的对齐码替换和控制字符检测功能正确，完成了目标功能。

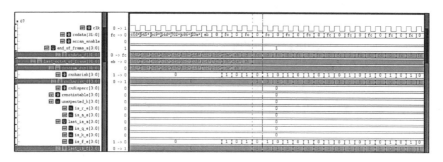

图 4.32　控制字符检测与替换模块仿真结果

4.2.6　多通道对齐及确定性延迟的设计原理及实现方案

　　协议规定，当收发机采样到 SYSREF 脉冲，在确定的延迟后复位 LMFC 计数器，对齐 LMFC。当接收机完成码组同步后在紧随的 LMFC 边沿置高 SYNC 信号，发送机检测到高电平的 SYNC 信号后，在紧随的 LMFC 边沿开始发送 ILAS。然后当接收机检测到 ILAS 的多帧对齐字符/A/后，开始缓存各个通道的数据，在 RBD 帧周期的确定延迟时刻各个通道都检测到有效数据时，所有通道的缓冲器同一时间释放数据，从而实现多通道同步及确定性延迟。

　　为了接收机控制器满足协议的要求，实现链路层多通道同步及确定性延迟的功能，本书提出了以下实现方案，其整体结构图如图 4.33 所示。多通道对齐及确定性延迟的实现方案主要包含三部分：LMFC 复位器、LMFC 脉冲产生器、缓冲器 Buffer。LMFC 复位根据系统顶层的 SYSREF 信号和支持的确定性延迟子类类型 subclass 产生用于 LMFC 脉冲产生器复位的脉冲信号 lmfc_rst_puls。LMFC 产生器的实现原理如图 4.34 所示，当系统复位后进入 state0 状态，如果接收到了复位脉冲信号 lmfc_rst_pulse，则进入 state1 状态，并对计数值 lmfc_count 赋初始值 8；否则保持在该状态。在 state1 状态，如果计数值 lmfc_count 大于一个多帧包含字节数 lmfc_crossing，则刚好计数一个多帧长度产生多帧脉冲，即 lmfc_plus = 1′b1。其中 lmfc_crossing = 11′h80 为一个多帧所包含的字节数。如果在 state1 状态接收到了复位脉冲，则产生多帧脉冲，即 lmfc_plus = 1′b1；并将 lmfc_count 赋初始值 8。如果上述两种情况都不满足，则仍然保持在该状态，lmfc_count 自加 4，多帧脉冲信号 lmfc_pluse = 1′b0。当 sysref_resync 使能（即链路重新建立同步时需要额外的 SYSREF 脉冲触发）以及链路检测到初始化对齐序列指示信号 link_init_dected 有效时，返回到 state0

状态，等待新的复位脉冲 lmfc_rst_puls。

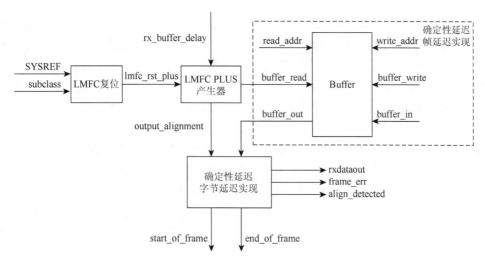

图 4.33　多通道对齐及确定性延迟实现整体结构图

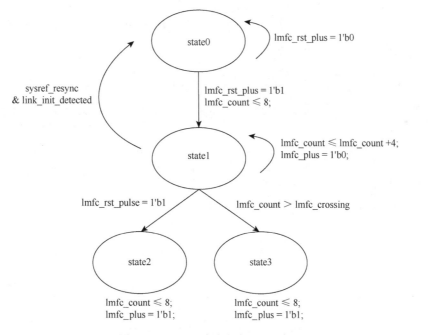

图 4.34　LMFC 脉冲产生器状态机

确定性延迟的实现根据输入延迟值是否为 4 个字节的整数倍可分为两个部分：确定性延迟的帧长度延迟实现和确定性延迟的字节长度延迟实现。确定性延迟的帧长度延迟实现主要是通过缓冲器 buffer 实现的，当接收机状态机产生的各个通道接收到有效数据指示信号 valid_data 有效时，将接收状态机输出的数据 is_a_o、tart_of_frame_o、end_of_frame_o、frame_error_o、rxdata_o 从高位到低位组合成 48 位数据 buffer_in 输入到各个通道对应的缓冲器中。LMFC 脉冲产生器根据输入的确定性延迟值 rx_buffer_delay 产生计数的边界值 rx_buffer_delay_int，即 rx_buffer_delay_int≤lmfc_crossing-rx_buffer_delay，其中 lmfc_crossing 为每个多帧包含的字节总数，所以 rx_buffer_delay 的值不得大于一个多帧所包含的字节总数。当计数值 lmfc_count＞rx_buffer_delay_int 并且 valid_data 有效时，置高缓冲器释放信号 buffer_release，也就是缓冲器的读信号，各通道缓冲器开始同时读出 48 位数据 buffer_out。值得注意的是，由于输入的确定性延迟值不一定是 4 的整数倍，所以各通道缓冲器实现的是帧长度的延迟，并未在输入 rx_buffer_delay 值所指定延迟处释放各通道缓冲器。

要完全实现符合输入 rx_buffer_delay 值指定的确定性延迟，需要确定性延迟的字节长度延迟实现作为辅助。确定性延迟的字节长度延迟实现主要是通过 LMFC 产生器输出的 out_alignment 信号对缓冲器输出数据 buffer_out 进行字节对齐实现的，如图 4.35 所示，当 rx_buffer_delay = 13′h01 且 lmfc_crossing = 11′h80 时，rx_buffer_delay_int = 127，out_alignment = 2′b11。当 lmfc_count＞127 时，即 lmfc_count = 128 时缓冲器释放数据，所以实现的是 128 字节的延迟。由 out_alignment = 2′b11，缓冲器输出 buffer_out 所有字节数据对齐在 127 字节处，即从 127 字节处往下 4 个字节组合成一个帧输出 {Oct127, Oct126, Oct125, Oct124}，{Oct123, Oct122, Oct121, Oct120} 等。此时各个通道真正地实现了在输入 rx_buffer_delay 指定延迟处同步输出。由于每帧包含四个字节，则 rx_buffer_delay_int 的低两位为字节长度的延迟，所以得出 out_alignment = rx_buffer_delay_int[1：0]。

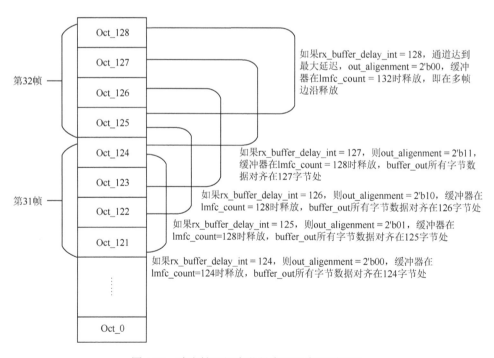

图 4.35　确定性延迟字节长度延迟实现原理图

LMFC 脉冲产生器的仿真结果如图 4.36 所示，由于输入 rx_buffer_delay = 13′h0，缓冲器在 LMFC 脉冲边沿释放。当输入 rx_buffer_delay = 13′h0001 时，可以得出 rx_buffer_delay_int = 13′h007f，out_alignment = 2′b11。接收机通道缓冲器在 lmfc_count = 128 时释放，此时输出数据相对于输入多延迟一个字节，所以只需将缓冲器输出数据往前移一个字节，即 rxdataout[31：0] = {rxdata_b[7：0], rxdata_b_last[31：8]}。如图 4.37 所示，out_alignment = 2′b11，rxdata_b[31：0] = 32′h054a_8997，rxdata_b_last[31：0] = 32′h3737_3737，则 rxdataout[31：0] = 32′h9737_3737，正确地实现了输入 rx_buffer_delay 指定的延迟。

如图 4.38 所示，接收机控制器两个链路的通道由于通道延迟不同，接收到的数据在不同的时刻存入对应的通道缓冲器，经过不同的时间延迟后在本地多帧时钟边沿同时释放两个链路通道的缓冲器数据，实现了不同通道之间的数据同步。

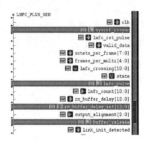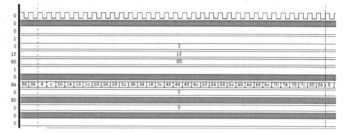

图 4.36　LMFC 脉冲产生器仿真结果

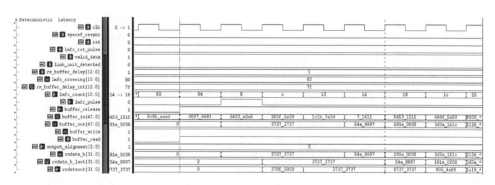

图 4.37　确定性延迟仿真结果

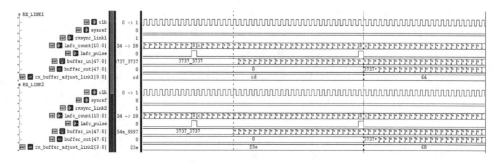

图 4.38　两个链路通道同步仿真结果

4.2.7　控制器状态机的设计原理及实现方案

　　根据 JESD204B 协议可知，接收机控制器的链路建立主要分为三个阶段。第一阶段是码组同步，第二阶段是初始化通道对齐，第三阶段是接收用户数据。第二阶段是可选阶段，由用户对发送机的配置决定，当配置参数支持多通道同步时，通过第二阶段所发送的初始化对齐序列以及接收机链路层的通道弹性缓冲器来实现多个通道同步；当配置参数不支持多通道同步时，接收机链路在建立码组同步后直接进入接收用户数据阶段。在第一阶段，接收机首先发送同步请求，然后当接收到四个连续 K 码后停止同步请求完成码组同步。在第二阶段，接收机接收长度为四个多帧的初始化对齐序列，其中接收的第二个多帧数据包含 14 个链路配置数据，当初始化对齐序列正确接收后进入接收用户数据阶段。本书根据 JESD204B 协议链路建立的三个阶段及要求，设计出了接收机控制器的接收状态机，以实现对整个链路的控制。值得注意的是，该接收机状态机设计采用了五级流水线技术，提高了接收机控制器电路的工作频率，同时降低了接收机控制器的功耗，这对于接收机控制器在实际环境中的适用性是非常有益的。输入数据缓存和五级流水线如图 4.39 和图 4.40所示。

is_k_e	is_k	is_k_r	last_is_k
is_a_e	is_a	is_a_r	last_is_a
is_f_e	is_f	is_f_r	last_is_f
is_i_e	is_i	is_i_r	last_is_i
is_r_e	is_r	is_r_r	
is_q_e	is_q	is_q_r	
rxdata	rx_data_pipe	rx_data_r	rxdata_d
rxcharisk	rxcharisk_pipe	rxcharisk_r	rxcharisk_d
rxnotintable	rxnotintable_pipe	rxnotintable_r	rxnotintable_d
输入数据	一级缓存	二级缓存	三级缓存

图 4.39　输入数据三级缓存

　　（1）第一级。接收机对于链路层各个阶段的监控，除了出现传输错误使得链路重新进入码组同步之外，连续接收四个/K/码也会使得链路重新同步。该模块通过/K/码的检测值is_k 以及其前一帧的/K/码的检测值 is_k_r 判断出连续/K/码的个数，并用 early_k_count 表示。在初始化对齐阶段，对于初始化对齐序列起始位置的检测主要是通过/K/码与/A/码的检测结果 is_k、is_r 来实现的。当检测到 32 位数据某字节为/K/码并且相邻下一个字节为/R/码时，is_soff = 1′b1，表示开始接收初始化对齐序列。

　　（2）第二级。数据帧的起始位置的检测在帧数据未开始传输时有效（early_in_frame = 1′b0），根据是否支持多通道对齐分为以下两种情况。当支持多通道同步时，即 support_lane_sync = 1′b1，如果检测到当前 32 位数据某字节为控制字符/A/并且相邻下一个字节不为控制字符/R/或者前一个周期 32 位数据最后一字节为/A/并且当前周期 32 位数据的首字节不是/R/，则/A/控制字符为初始化对齐序列最后一个多帧的结束标志位，也就是数据帧的起始位置。当不支持多通道同步时，即 support_lane_sync = 1′b0，如果检测到当前周期 32 位数据某字节为控制字符/K/并且相邻下一个字节不是/K/字符,则/K/为完成码组同步后的最后一个 K 码,也就是数据帧的起始位置。数据帧的起始位置用 early_start_of_frame_i 表示。

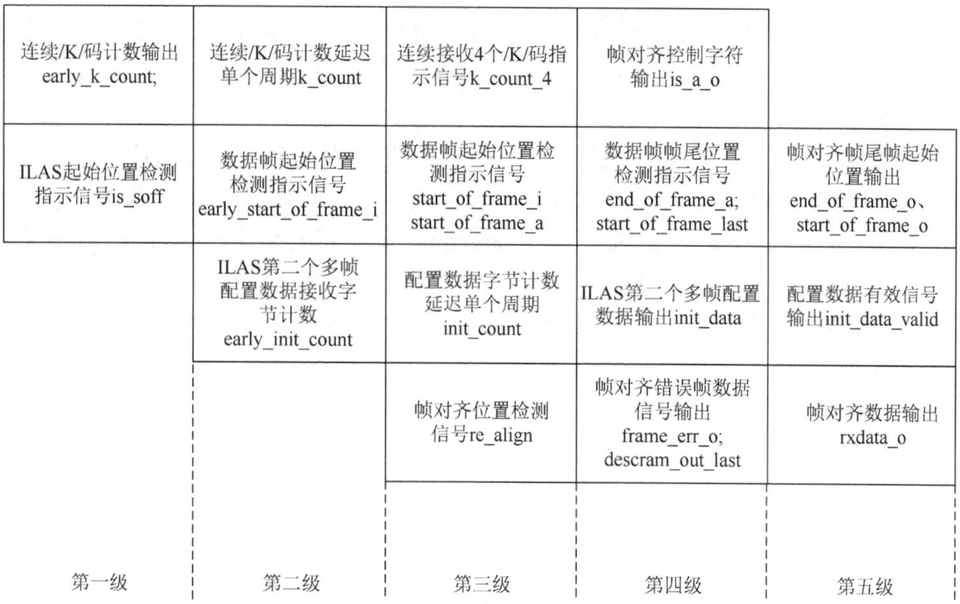

第一级	第二级	第三级	第四级	第五级
连续/K/码计数输出 early_k_count;	连续/K/码计数延迟单个周期k_count	连续接收4个/K/码指示信号k_count_4	帧对齐控制字符输出is_a_o	
ILAS起始位置检测指示信号is_soff	数据帧起始位置检测指示信号 early_start_of_frame_i	数据帧起始位置检测指示信号 start_of_frame_i start_of_frame_a	数据帧帧尾位置检测指示信号 end_of_frame_a; start_of_frame_last	帧对齐帧尾帧起始位置输出 end_of_frame_o、start_of_frame_o
	ILAS第二个多帧配置数据接收字节计数 early_init_count	配置数据字节计数延迟单个周期 init_count	ILAS第二个多帧配置数据输出init_data	配置数据有效信号输出init_data_valid
		帧对齐位置检测信号re_align	帧对齐错误帧数据信号输出 frame_err_o; descram_out_last	帧对齐数据输出 rxdata_o

图 4.40　五级流水线设计

初始化对齐序列 ILAS 第二个多帧计数主要是在配置数据起始标识码/Q/码的检测结果 is_q 的基础上实现的,已接收配置数据字节计数结果用 early_init_count 表示。当 is_q[0] = 1′b1 时,当前帧数据/Q/码后的三个字节都为配置数据,early_init_count = 3;当 is_q[1] = 1′b1 时,当前帧数据/Q/码后的两个字节都为配置数据,early_init_count = 2,依次类推。在检测到/Q/码后 is_q 值一直为 0,只要 early_init_count 的值小于 14,则继续对接收到的配置数据字节进行计数,其值在每接收到一帧数据后加 4。

(3)第三级。当接收连续/K/码的计数值 k_count = 4′b0010 时,表明已经接收到了四个连续/K/码,则指示信号 k_count_4 置高。start_of_frame_i 信号为数据帧起始位置检测结果 early_start_of_frame_i 延迟单个周期的值。start_of_frame_a 信号将数据帧起始位置检测结果 start_of_frame_i 的值保存,直到用户数据帧接收结束。init_count 为接收配置数据字节计数 early_init_count 延迟单个周期的值。

帧对齐位置检测主要是通过检测码组同步期间最后一个/K/码的位置来实现的。如果/K/码检测结果 is_k_r 不等于 0,且该帧/K/后的字节存在非 bc 数据,则对帧对齐位置指示信号 realign 赋值。

(4)第四级。数据帧尾的位置检测是在数据帧的起始位置 start_of_frame_a 的基础上实现的。根据 start_of_frame_a 的位置得出本帧数据剩余字节的个数 f_count。当 start_of_frame_a = 4′b0010 时,f_count = 2,依次类推。由于本设计数据链路层配置参数 F = 4,当接收机状态机处于接收用户数据帧状态时,下一个数据帧 4-f_count 对应的字节就是帧尾的位置，用 end_of_frame_a 表示。

根据配置数据计数值 init_count，将输入数据缓存值 rxdata_r、rxdata_d 中的配置数据抽取出来赋给 init_count 输出。init_count 的值影响 rxdata_r、rxdata_d 数据抽取的方式。例如，init_count = 2′b01，则 init_count = {rxdata_r[23：0]，rxdata_d[31：24]}。根据帧对齐位置指示信号 re_align 信号分别对/A/字符检测结果指示信号 is_a_r、编码错误指示信号 rxnotintable_r 实现帧对齐操作，输出 is_a_o 和 frame_err_o。

（5）第五级。如果接收机状态机处于接收数据帧状态，根据帧对齐位置指示信号 re_align 分别对数据帧起始位置指示信号 start_of_frame_last、数据帧帧尾位置指示信号 end_of_frame_last 和解扰输出数据 descram_dout_last 进行帧对齐操作，对应输出为 start_of_frame_o、end_of_frame_o 和 rxdata_o。如果接收机状态机处于接收 ILAS 配置数据状态，则将通道有效信号 lane_active 的值赋给 init_data_valid，指示当前接收的配置数据 init_data 有效。

本书所提出的接收机状态机，其各个状态详细定义如下。

IDLE：接收机复位后的状态，为初始状态。

INSYNC：接收机发送码组同步请求，即拉低 SYNC。

GOTS：接收机完成对四个连续/K/码的检测，并置位 SYNC。

INIT：接收机对初始化对齐序列起始位置的检测，完成第一个多帧数据的接收。

ICFG：接收机对第二个多帧链路配置数据起始位置的检测，并接收配置数据。

DONE：接收机完成对剩余两个多帧的初始化对齐序列的接收。

DATA：接收机接收用户数据。

接收机状态机状态流程图如图 4.41 所示；状态机的控制信号有 early_k_count、is_k、is_soff、tm_and_soff_sync、is_q_r、init_count、is_a、early_start_of_frame_i、support_lane_sync、sync。其中，is_k、is_q_r、is_a 分别表示/K/码、/Q/码、/A/码的位置信息。early_k_count 表示接收机已检测到连续/K/码的个数。is_soff 表示接收机接收到的 BC1C 码的位置信息，tm_and_soff_sync 表示接收机检测到了 BC1C 码并且处于初始化序列验证模式（输入 test_mode = 2′b10）。init_count 表示接收到的初始化对齐序列第二个多帧配置数据字节数。early_start_of_frame_i 表示接收机接收到的数据帧的起始位置信息，即最后一个多帧结束字符/A/的位置信息。sync 表示接收机当前码组同步的状态，support_lane_sync 表示接收机链路层是否支持多通道同步。码组同步状态机如图 4.42 所示。

接收机复位后，进入 IDLE 状态，当 early_k_count 大于 1 时，表示接收机已经接收到了/K/码进入 INSYNC 状态，否则仍保持 IDLE 状态，输出状态指示信号 init_state = 3′b000。

状态机处在 INSYNC 状态，如果接收到的连续/K/码个数等于 4，即 early_k_count[2] == 1′b1 时，输出 k_count_4 = 1′b1、init_state = 3′b001 并进入 GOTS 状态，否则仍然保持 INSYNC 状态接收/K/码。如果 early_k_count == 0，则返回到 IDLE 状态需要重新进行同步，输出重新同步指示信号 cgs_resync = 1′b1。

状态机处于 GOTS 状态，当 sync、is_soff 和 support_lane_sync 同时有效时，表示码组同步结束，进入 INIT 状态。当 ! sync|sync & is_k == 4b′1111|sync & is_k！ = 4′b1111&support_lane_sync&tm_and_soff_sync 有效时，表示码组同步未结束，仍然保持在 GOTS 状态直到码组

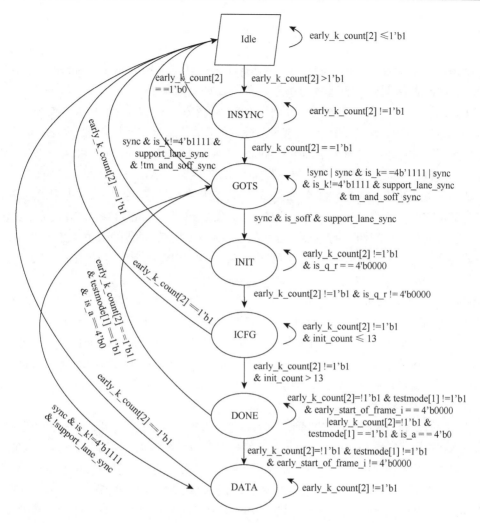

图 4.41　接收机状态机

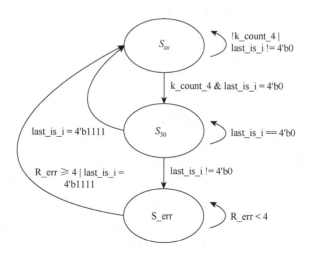

图 4.42　码组同步状态机

同步完成，输出 init_state = 3′b010。如果 sync & is_k！ = 4′b1111&support_lane_sync&！
tm_and_soff_sync 有效，表示链路同步丢失，则返回到 IDLE 状态需要重新进行同步，输
出重新同步指示信号 cgs_resync = 1′b1。当 sync&is_k！ = 4′b1111&！ support_lane_sync 有
效时，接收机链路不支持多通道同步直接进入 DATA 状态。

　　状态机处于 INIT 状态，如果接收到了连续的四个/K/码，即 early_k_count[2] = 1′b1，表
示链路同步丢失，需要进入 IDLE 状态重新建立同步，重新同步指示信号 cgs_resync = 1′b1。
如果检测到了控制字符/Q/码，即 early_k_count[2] = ！1′b1 & is_q_r！ = 4′b0000，则进入 ICFG
状态开始接收链路配置数据，否则仍然保持在 INIT 状态，输出 init_state = 3′b011。

　　状态机处于 ICFG 状态，如果 early_k_count[2] = 1′b1，需要进入 IDLE 状态重新建立
同步，输出重新同步信号 cgs_resync = 1′b1；如果 early_k_count[2] = ！1′b1 & init_count＞
13，表示完成第二个多帧配置数据接收，则进入 DONE 状态，否则保持在 ICFG 状态继续接
收配置数据，输出 init_state = 3′b011，第二个多帧配置数据有效信号 init_data_valid = 1′b1。

　　状态机处于 DONE 状态，如果 early_k_count[2] = 1′b1 或者 early_k_count[2] = ！ 1′b1 &
testmode[1] = = 1′b1 & is_a！ = 4′b0，需要进入 GOTS 状态重新接收配置数据。当
early_k_count[2] = ！1′b1 & testmode[1]！ = 1′b1 & early_start_of_frame_i！ = 4′b0000 满足时，
表示完成了初始化对齐序列的接收并进入 DATA 状态。当 early_k_count[2] = ！
1′b1 & testmode[1]！ = 1′b1 & early_start_of_frame_i = = 4′b0000 或者 early_k_count[2] = ！
1′b1 & testmode[1]！ = 1′b1 & is_a = = 4′b0 有效时，表示接收初始化对齐序列未完成，需要
保持在 DONE 状态继续接收，输出 init_state = 3′b100。

　　状态机处于 DATA 状态，如果 early_k_count[2] = 1′b1，需要进入 IDLE 状态重新建立同步，
输出重新同步指示信号 cgs_resync = 1′b1；否则保持在 DATA 状态，输出 init_state = 3′b000。

　　根据 JESD204B 标准协议规定，接收机链路层具有对传输数据监控的功能，当检测接
收到一定数据的错误数据或者满足一定条件时，接收机控制器就会强制收发系统重新进行
码组同步，以保证数据的正确传输，这一功能对于保证整个协议正常工作至关重要。而这
一功能主要是通过码组状态机来实现的。本书为了满足协议相关功能的需求，提出了符合
要求的码组状态机设计方案，其状态定义如下。

　　Sxx：当接收机控制器复位或者重新同步信号 cgs_resync = 1′b1 时，进入该状态进行
码组同步操作。当接收到 4 个连续/K/码指示信号 k_count_4 = 1′b1 且接收错误数据指示信
号 last_is_i = 4′b0 时，进入 S30 状态开始接收用户数据。当不满足该条件时，仍然保持在
Sxx 状态。

　　S30：在该状态接收用户数据的过程中，如果接收到了错误数据，即 last_is_i！ = 4′b0
且 last_is_i！ = 4′b1111，则进入 S_err 状态对错误数据进行监控。否则，正常接收数据。
当 last_is_i！ = 4′b1111 时，接收了 4 个错误数据，系统需要进入 Sxx 状态重新进行同步。

　　S_err：在该状态对接收的错误数据进行监控，如果接收的错误数据个数累计大于等
于 4，需要进入 Sxx 状态重新同步。接收错误数据累计之和用 R_err[2：0]表示，则
R_err = R_err + last_is_i[0] + last_is_i[1] + last_is_i[2] + last_is_i[3]。当 R_err＜4 时，保持
在该状态。当 R_err＜4 或者 last_is_i！ = 4′b1111 时，进入 Sxx 状态重新进行同步。

　　接收机状态机模块的端口信号如表 4.11 所示。其中 rxdata、rxcharisk、rxdisperr、

rxnotintable 是接收机 8B/10B 解码器输出的信号，scram_enable、support_lane_sync、octets_per_frame、lane_active 由用户配置输入。Cgs_resync_req 是由接收机产生的控制信号。Is_r_e、is_a_e、is_q_e、is_k_e、is_f_e、is_i_e 由控制字符检测与替换模块产生。

表 4.11　接收机状态机端口描述

信号名称	位宽	方向	描述
clk	1	Input	接收机链路时钟
rxdata	32	Input	输入数据
rxcharisk	4	Input	控制字符指示信号
rxdisperr	4	Input	8B/10B 编码极性错误指示信号
rxnotintable	4	Input	编码错误指示信号
octets_per_frame	8	Input	每帧所包含的字节数
cgs_resync_req	1	Input	重新进行码组同步请求信号
lane_active	1	Input	通道有效指示信号
support_lane_sync	1	Input	多通道同步使能信号
is_r_e	4	Input	/R/字符检测指示信号
is_a_e	4	Input	/A/字符检测指示信号
is_q_e	4	Input	/Q/字符检测指示信号
is_k_e	4	Input	/K/字符检测指示信号
is_f_e	4	Input	/F/字符检测指示信号
is_i_e	4	Input	数据错误指示信号
scram_enable	1	Input	加扰使能
rxdata_o	32	Output	帧对齐后的数据
frame_error_o	4	Output	帧对齐后错误数据指示信号
is_a_o	4	Output	帧对齐/A/码检测指示信号
start_of_frame_o	4	Output	帧对齐后数据帧起始位置指示信号
end_of_frame_o	4	Output	帧对齐后数据帧帧尾位置指示信号
init_data	32	Output	输出接收的 ILAS 第二个多帧配置数据
init_data_valid	1	Output	配置数据有效指示信号
end_of_frame_a	4	Output	帧尾指示信号
unexpected_k	4	Output	错误接收控制字符指示信号

接收机码组同步阶段仿真结果如图 4.43 所示，接收状态机在复位后进入 IDLE 状态，即 cur_state_r[6：0] = 7'h1。当接收机检测到/K/码（8'hbc）且接收 K 码的个数不为零小于 4 时，接收状态机进入 INSYNC 状态，即 cur_state[6：0] = 7'h2。当接收机接收到四个连续/K/码后（early_k_count = 3'h4），接收状态机进入 GOTS 状态，即 cur_state[6：0] = 7'h4，并将握手信号 sync 置高，码组同步阶段结束。接收机初始化对齐阶段仿真结果如图 4.44 和图 4.45 所示。当接收机检测多帧数据起始字符/R/，即 is_r_r[3：0] = 4'h2 时，接收状态

机进入 INIT 状态开始接收初始化对齐序列的第一个多帧数据，cur_state_r[6：0] = 7′h8。当接收机检测到多帧配置数据起始字符/Q/，即 is_q_r[3：0] = 4′h4 时，接收状态机进入 ICFG 状态开始接收第二个多帧的配置数据并对接收到的配置数据字节数计数（init_count），输出配置数据 init_data[31：0]，配置数据有效信号 init_data_valid = 1′b1。此时，接收状态机 cur_state_r[6：0] = 7′h10。当接收配置数据字节数大于 13 时，接收机开始接收剩余的两个多帧数据，接收状态机进入 DONE 状态，即 cur_state_r[6：0] = 7′h20。接收机接收用户数据阶段如图 4.46 所示，当接收机检测到最后一个多帧结束字符/A/(last_is_a[3：0] = 4′h1) 及帧的起始位置值 start_of_frame_i[3：0] = 4′h2 时，接收机开始接收用户数据，接收状态机进入 DATA 状态，即 cur_state_r[6：0] = 7′h40。

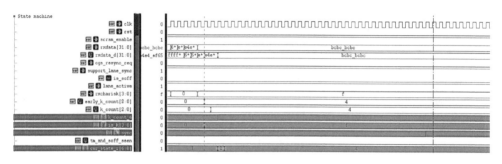

图 4.43　码组同步阶段仿真结果

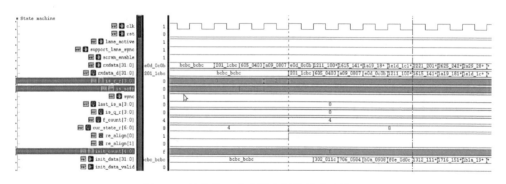

图 4.44　接收第一个多帧配置数据仿真结果

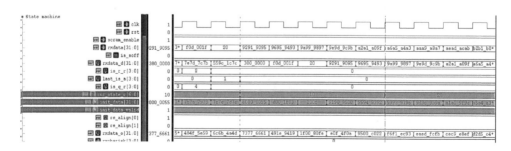

图 4.45　接收第二个多帧配置数据仿真结果

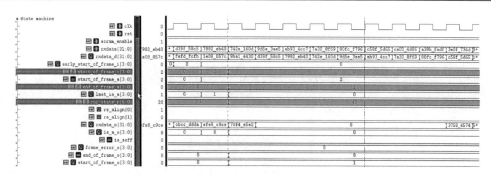

图 4.46　接收用户数据阶段仿真结果

4.3　本 章 小 结

本章主要针对 JESD204B 的接收端进行了整体的描述,首先对接收端协议进行分析,接收机数据链路层的主要作用是负责产生用于码组同步的请求信号,控制字符的检测与替换,链路同步建立、数据通道传输数据正确性监控等操作。同时为了实现数据链路层多帧对齐,采用了由发送机在帧的结尾满足特定条件下插入对齐字符得以实现。然后介绍了 JESD204B 接收端关键的数字电路的设计,重点对解扰器的原理设计和实现方案进行了详细的研究,包括接收机的自适应连续时间均衡器、离散时间判决反馈均衡器以及解串器的设计,同时提出了对接收机电路设计与优化重点的 Comma 检测器的原理设计及实现方案的研究。最后介绍了基于混合信号的 JESD204B 收发器的系统仿真方案和关键仿真结果。

第5章 JESD204B 高速串行发送机设计

5.1 系 统 架 构

在 JESD204B 系统中采用了 serdes 模块实现高速数据的并串转换。其中 TX 端负责将 40 bits 的并行数据流转换为 10 Gbit/s 的串行数据。整个 TX 系统架构如图 5.1 所示。

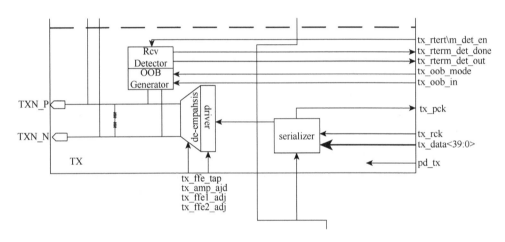

图 5.1 TX 系统架构

其中，Serializer 模块负责将来自控制器发送端的 40 bits 并行数据转换为高速串行数据；Driver 及 De-empahsis 部分则将串行数据转换为差分信号并实现信道均衡；Rcv Detector 为终端检测模块，OOB Generator 模块实现 TX 的 OOB 工作模式。

5.2 电 路 实 现

1. 终端检测

输出终端阻抗检测电路示意图如图 5.2 所示，该电路实现了发送端（TX）检测接收端（RX）阻抗的功能。该电路主要分为两个支路，分别检测 TX_P 和 TX_N 端口是否正常连接到 RX 端。若连接正常，则检测指示信号 det_out 输出为高电平，否则为低电平。

具体工作流程如下：在阻抗检测之前，开关 K1 和 K2 均处于闭合状态，TX_P 和 TX_N 处电压为 VDD/2，然后打开开关 K2，则 TX_P 和 TX_N 处电压抬升至接近 VDD，因此比较器输出电压为高电平。当任意一支路比较器 C1 或 C2 输出为高时，检测指示信号输出为低，即 RX 未正常连接到 TX。

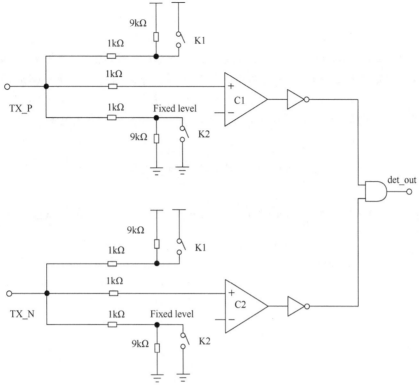

图 5.2　输出终端阻抗检测电路

假设 RX 正常连接到 TX，如图 5.2 所示，此时开关 K2 断开，但是 TX_P 和 TX_N 处电压由于 RX 的存在不会发生太大变化，仍处于 VDD/2 附近。因此比较器 C1 和 C2 输出均为低电平，则检测指示信号最好输出为高。

2. 并串转换

在高速串行传输系统中，复接器用于数据的并串转换。在本设计中，采用树形和串行组合的结构，实现将 40 bits 的并行数据转换为 10 Gbit/s 的串行差分数据。复接器结构框架如图 5.3 所示。其包含 4 个 10∶1 的高速串行复接器，两个工作频率为 2.5 GHz 的 2∶1复接器，一个延时模块，以及一个工作频率为 5 GHz 的 2∶1 复接器。

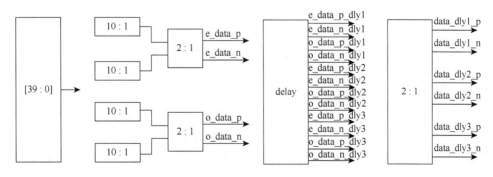

图 5.3　复接器结构示意图

复接器的工作过程为：40 bits 的并行数据按照如图 5.4 所示格式分为四路 10 bits 的并行数据。在每一路中，通过移位寄存器实现将 10 bits 的数据转换为 1 bit 的串行数据。再通过一个工作频率为 2.5 GHz 的 2∶1 的复接器，分别用上下边沿采样两条 10 bits 输出的串行数据，形成一条 20 bits 的串行数据。然后经过一个延时模块产生三路延时数据，用以后边实现信道均衡。最后，两条 20 bits 的数据流经过工作频率为 5 GHz 的 2∶1 复接器，分别用上下边沿采样数据流，实现速率为 10 Gbit/s 的 40 bits 高速串行数据流。

Data[0]	Data[4]	Data[8]	Data[12]	Data[16]	Data[20]	Data[24]	Data[28]	Data[32]	Data[36]

Data[2]	Data[6]	Data[10]	Data[14]	Data[18]	Data[22]	Data[26]	Data[30]	Data[34]	Data[38]

Data[1]	Data[5]	Data[9]	Data[13]	Data[17]	Data[21]	Data[25]	Data[29]	Data[33]	Data[37]

Data[3]	Data[7]	Data[11]	Data[15]	Data[19]	Data[23]	Data[27]	Data[31]	Data[35]	Data[39]

图 5.4　并行数据格式

在本设计中，通过参数的配置（buswidth_en，lsbf_en），可以实现 40∶1 的并行数据转为串行数据（buswidth_en = 1），或者实现 32∶1 的并串转换（buswidth_en = 0），还可以选择优先输出最高有效位（lsbf_en = 0）还是最低有效位（lsbf_en = 1），具体的实现电路如图 5.5 所示。

当配置参数为（buswidth_en = 1，lsbf_en = 0）时，可实现优先输出为最高有效位的 40∶1 的并串转换，其数据流如图 5.5 所示。在图 5.5 路径 1 中，根据参数配置，选择器 $S1\_1, S1\_2, \cdots, S1\_9, S1\_10$ 分别将数据 txdata<37>，txdata<33>，txdata<29>，$\cdots$，txdata<5>，txdata<1>存储至触发器 $D1\_1$，$D1\_2, \cdots, D1\_9$，$D1\_10$ 中，触发器工作频率为 $f/20$（250MHz）。选择器 M1 的工作频率为 $f/20$（250MHz），占空比为 9∶1，当使能信号为低电平时，选择器 M1_1 选择 D1_1 的数据 txdata<37>，txdata<33>，txdata<29>，$\cdots$, txdata<5>，txdata<1>分别存储到对应的触发器 $D1\_11$，$D1\_12$，$D1\_13, \cdots, D1\_19$，$D1\_20$ 中，触发器时钟 pll_clk_div2 工作频率为 $f/2$（2.5 GHz）。选择器和触发器构成了一个移位寄存器，在时钟 pll_clk_div2 触发下，触发器 D1_11 依次输出 txdata<37>，txdata<33>，txdata<29>,$\cdots$,txdata<5>，txdata<1>数据流。触发器 D1_21 将 path1 的数据流延迟半个周期，以实现后边选择器 M3 对 path1 和 path2 数据流采样顺序的调整。同理，path2 中 D2_11 依次输出 txdata<39>，txdata<35>,$\cdots$，txdata<7>，txdata<3>数据流。path1 和 path2 的数据流经过反相器产生差分信号，在选择器 M3 处，分别用工作频率为 $f/2$（2.5 GHz）的差分时钟采样来自 path1 和 path2 的数据流，生成 20 bits 的差分数据流 odata_path_p 和 odata_path_n。

同理，path3 和 path4 生成 20 bits 的差分数据流 edata_path_p 和 edata_path_n。经过延时模块后，在选择器 M4_1 和 M4_2 处，分别用工作频率为 f（5 GHz）的差分时钟采样 edata_path_p 和 odata_path_p，edata_path_n 和 odata_path_n 的数据流生成 40 bits 的差分数据流 data_dly1_p 和 data_dly1_n。

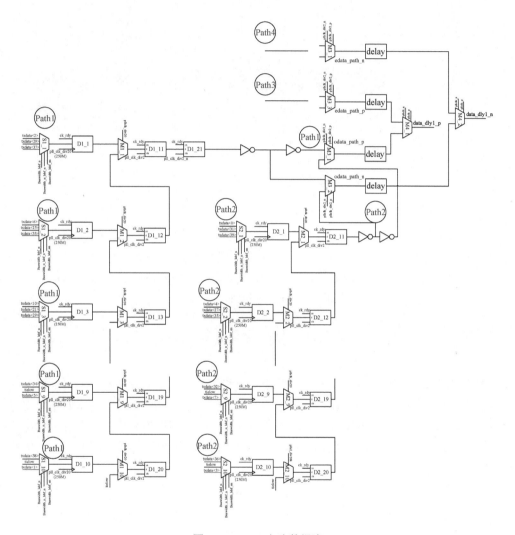

图 5.5　40：1 电路数据流

3. OOB 模块

当连接双方中的一方发生重要事情时，想要迅速通知对方，这种通知在已经排队等待发送的任何普通数据之前发送，这时可采用带外数据设计（OOB）来实现。本方案中，OOB 工作模式时序图如图 5.6 所示。

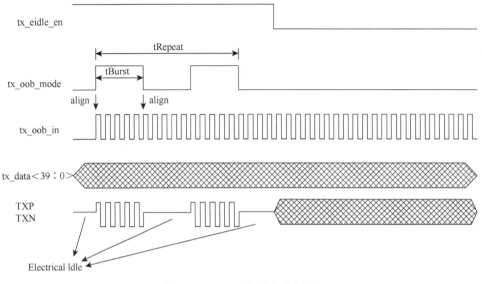

图 5.6　OOB 工作模式时序图

当 tx_eidle_en 为 1 使能时，TX driver 工作在空闲状态，TXP 和 TXN 分别通过一个 50Ω的电阻连接到共模电压，并在 tx_oob_mode 使能下输出 tx_oob_in；当 tx_eidle_en 为 0 时，TX 工作在正常模式并传输串行数据。而 tx_oob_in 是 OOB 产生器的输入端，一般由时钟源提供。tx_oob_mode 控制产生 OOB 的 burst。

5.3　本　章　小　结

本章主要介绍 JESD204B 高速串行发送机的设计，在本系统中采用了 serdes 模块实现高速数据的并串转换，给出了发送端（TX）的系统架构。其次给出了整体电路的实现，包括输出终端阻抗的检测电路。在本设计中，为了实现在高速串行中进行传输，利用复接器进行数据的并串转换，采用树形和串行组合的结构，由此实现将并行数据转换为串行的差分数据。

第6章　JESD204B 高速串行接收机设计

6.1　系统架构

接收机系统框图如图 6.1 所示。

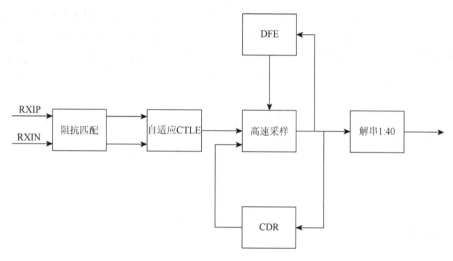

图 6.1　接收机系统框图

接收端包含接收前端电路、接收端均衡、时钟恢复、译码模块、串并转换模块。接收端的均衡器用于调节信号的摆幅，保证接收端电路的线性度，同时还需要时钟恢复电路从数据比特流中捕获时钟的相位信息用于数据译码时的采样，并将输入的高速串行数据 Din 恢复成低速并行数据，bus_width 的值与 Din 的位宽相关。解串器架构如图 6.2 所示。

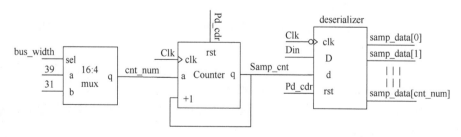

图 6.2　解串器架构

6.2　自适应 CTLE

若知道传输线的特性，即知道传输线的有限脉冲响应、幅值特性和相位特性，就能设计出最佳的均衡器，可使 SNR 最大并在采样时刻完全消除 ISI。然而，在工程中，对所使用传输线的特性是不能完全预知或是时变的，在这种情况下，通常使用自适应均衡器来对未知的传输线衰减进行补偿。

接收端前端对信道的长拖尾效应进行补偿，均衡器按是否需要时钟采样可以分为离散时间均衡器和连续时间均衡器。若在接收机前端采用离散时间均衡器，由于需要时钟采样，接收端会遇到两方面问题：①采样器引入的时钟抖动降低了离散均衡的准确性；②在无外部时钟引入的高速串行系统中接收端的时钟相位是从接收数据中恢复得到的。然而由于时钟恢复必须在采样之前完成，而采样器前端电路的存在使得时钟恢复只能基于信道输出的未经充分均衡补偿的数据信号，从而对恢复的时钟信号造成一定的抖动，形成相位误差。考虑到时钟恢复的问题，在接收端采用离散时间均衡器的场所通常限制在采用源同步时钟驱动的串行链路中。因此在接收端采用连续时间均衡器。连续时间均衡器可以有效增加信号的高频分量与低频分量的比值，而不需要采样时钟驱动。

6.3　采 样 电 路

6.3.1　采样电路结构

采样电路图如图 6.3 所示。

SerDes 系统的接收端输入高速低压差分数据信号，该信号的摆幅低、速度高，经过信道的衰减后，到达接收端时可能出现严重的畸变。接收端的采样电路要能识别高速低压且畸变的差分信号，要求采样器有较大的共模输入范围，较大的差模输入范围，且具有高速采样能力。基于灵敏放大器的触发器电路即符合该条件的采样单元，由于采样电路要为相位检测电路同时提供数据边沿和数据中心的采样信息，所以本书的采样电路采用了四个基于灵敏放大器的触发器电路，分别用四个相位相差 90°的时钟对输入数据进行采样。symbol 和端口如图 6.4 所示。

采样时钟：I。输入数据：en1，en3。调节 offset：en5，en6 是 A109 的输出，en2，en4 是 A89 模块里的输出 N1，N2，电路结构如图 6.5 所示。

蓝色圈：sense amplifier（strong-arm latch）。红色圈：RS 触发器。黄色圈：input + trim-voffset，sense amp。如图 6.6 所示。

红色圈内结构是一对交叉耦合的反相器，通过正反馈放大信号。蓝线是输入信号，黄线是时钟信号，工作过程分为 4 步。

（1）reset：CLK = 0，输出被拉高。

（2）sampling：CLK 从 0 到 1。

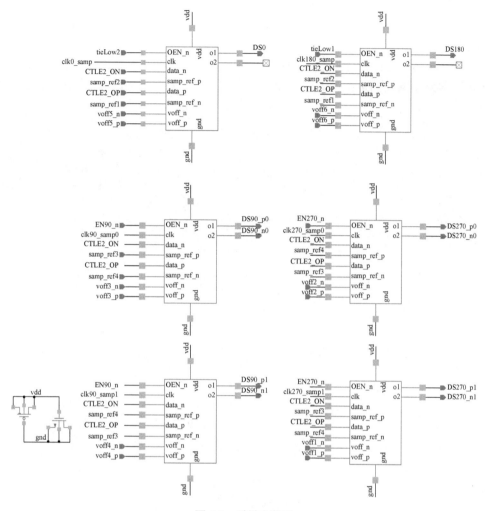

图 6.3　采样电路图

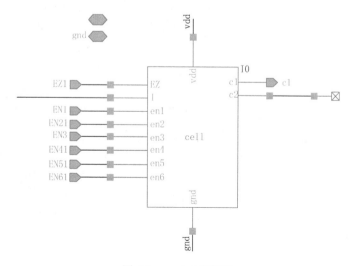

图 6.4　symbol 和端口

（3）Regeneration（恢复再生）：CLK = 1 大信号被拉到了 VDD，小信号被拉到了 0。VIN 变化没有影响。

（4）decision：CLK = 1。

仿真结果如图 6.7 所示。

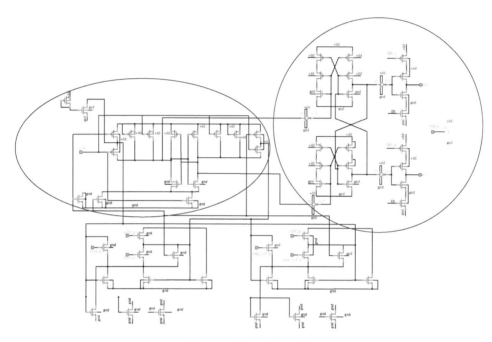

图 6.5　采样时钟电路图

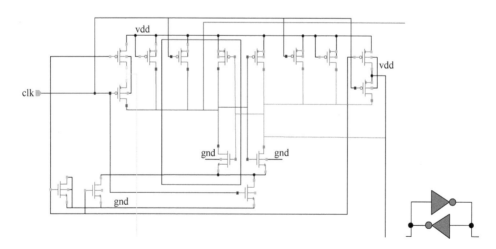

图 6.6　sense amp

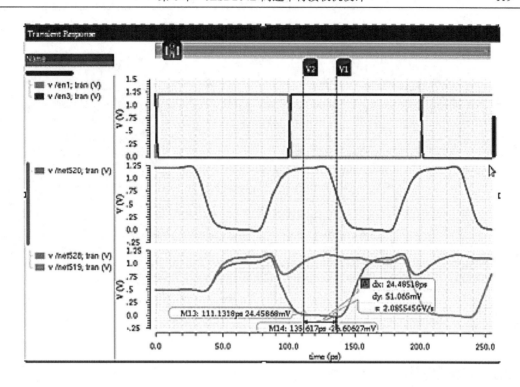

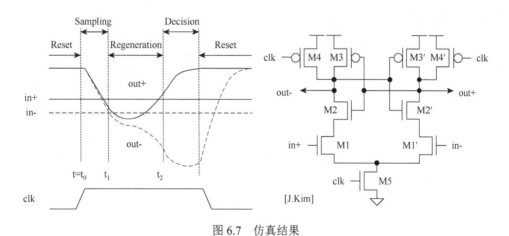

图 6.7　仿真结果

输出结果如图 6.8 所示。

RS 触发器，输出采样保持。

$S' = 1$，$R' = 1$：触发器维持原来状态不变。

$S' = 0$，$R' = 1$：则 $Q = 1$，Q 非 $= 0$，触发器处于"1"态（或称置位状态）。

$S' = 1$，$R' = 0$：则 $Q = 0$，Q 非 $= 1$，触发器处于"0"态（或称复位状态）。

$S' = 0$，$R' = 0$：此时无法确定触发器的状态。一般这是不允许的。

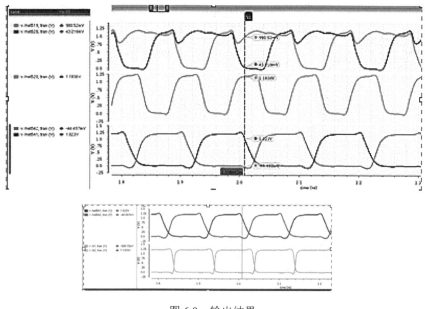

图 6.8　输出结果

6.3.2　偏置电流模块

偏置电流模块如图 6.9 所示。

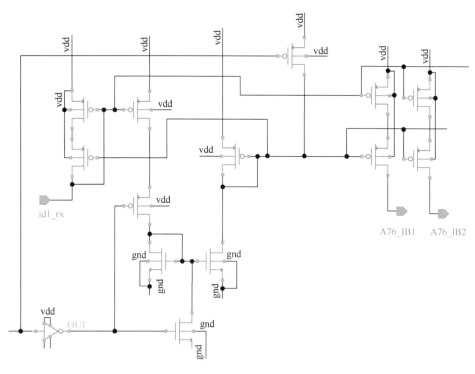

图 6.9　偏置电流模块

6.3.3　差模放大

差模放大模块如图 6.10 所示。

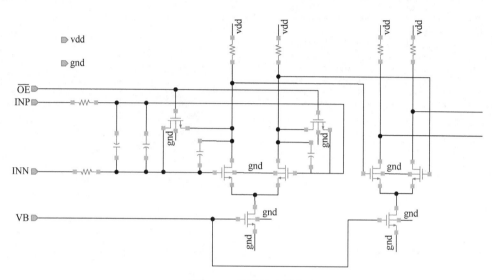

图 6.10　差模放大模块

仿真参数设置及仿真结果如图 6.11 所示。

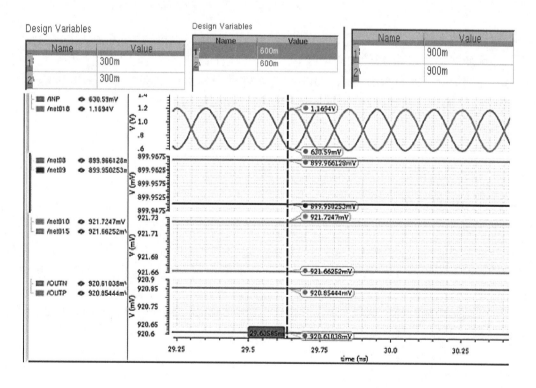

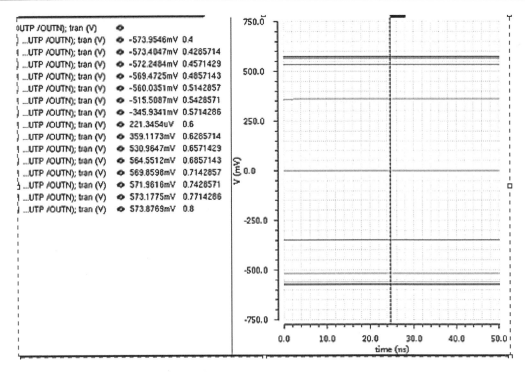

图 6.11　参数设置及仿真结果

6.4　非线性均衡器 DFE

对于高速 serdes，由于信号的抖动（如 ISI 相关的确定性抖动）可能会超过或接近一个符号间隔（UI），使用线性均衡器已不再适用。对于高速 serdes，多采用一种称为 DFE 的非线性均衡器，如图 6.12 所示。DFE 通过跟踪过去多个 UI 的数据来预测当前 bit 位的采样门限。DFE 只对信号放大，不对噪声放大，可有效改善 SNR。

6.5　时钟恢复器

6.5.1　CDR 系统简介

在通信系统中，由于信道的衰减，芯片内部和封装中存在的串扰，封装的寄生效应和器件附加的电子噪声等因素的影响，接收到的数据信号会存在抖动。通常需要一个与接收到的数据对齐的时钟来对接收到的数据重新定时以减小抖动。CDR 电路就是通过恢复嵌入在串行数据中的时钟信息的方式来获得这个用于重定时的采样时钟，再通过对接收到的数据重新定时采样，恢复出数据。CDR 功能示意图如图 6.13 所示。

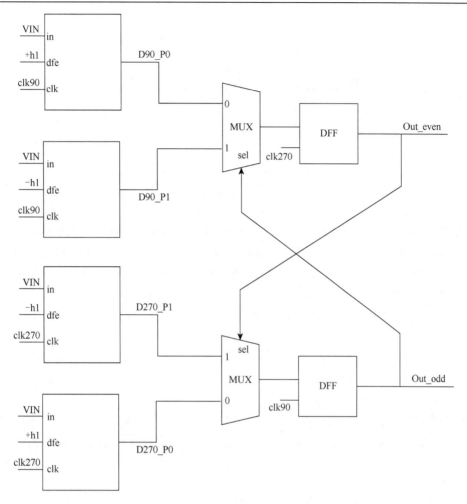

图 6.12　非线性均衡器 DFE

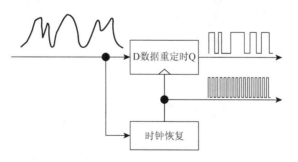

图 6.13　CDR 功能示意图

CDR 内部包含相位检测电路、表决器、数字环路滤波器、相位区间选择电路、相位插值电路。CDR 结构示意图如图 6.14 所示。

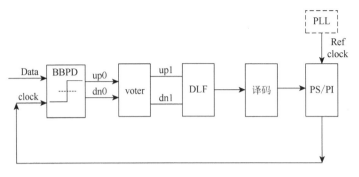

图 6.14　CDR 结构示意图

对于相位检测电路（PD），其根据本地时钟对输入数据的采样结果判断时钟和数据的相位关系，并将检测出的相位关系信息提供给相位插值控制电路。基于相位插值结构的 CDR 电路属于半数字半模拟的 CDR 电路，相位检测电路采用的是属于数字电路的 Bang-Bang 型的半速率鉴相器，其采样时钟频率为数据频率的一半。

对于表决器，其对相位检测器输出的检测结果进行多数表决，决定是否需要调整 PLL 输出的本地时钟，以及本地时钟的调节方向。若数据超前时钟的检测结果更多，则输出数据超前信号 UP，若时钟超前数据的检测结果更多，则输出数据滞后信号 DOWN，表决器电路和多组鉴相器配合工作，避免了单个鉴相器工作时由于抖动影响发生错误检测的情况，以及信号不跳变时无检测结果的问题。

对于数字环路滤波器（DLF），由一个 MV 模块、一个比例积分路径组成的数字低通滤波器和一个积分器（图 6.15）串联构成。输入是前一级半速率 BBPD 模块输出的 8 bits 数字信号表示的鉴相结果，输出是 9 bits 数字信号表示相位选择信息，用于 DPC 模块的相位选择。

二阶的时钟数据恢复系统有两个参数控制环路特性：比例系数（K_p）和积分系数（K_i）。相对于一阶的时钟数据恢复系统来说，它多了一个积分环节。积分器存储着频率偏差大小的信息，使得环路能够动态地跟踪输入输出之间的频率偏差，从而保证采样点始终处于最佳相位。环路控制会在每个数字周期都加上这个频率偏差大小的信息，使得采样时钟能跟上频率偏差。系统结构示意图如图 6.16 所示。

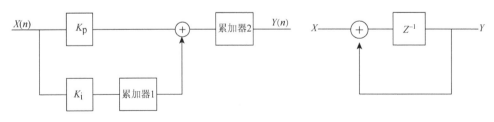

图 6.15　DLF 结构示意图

$$g(s) = \frac{Z^{-1}}{1 - Z^{-1}}$$

$$G(s) = \frac{K_p}{T}\frac{1}{s} + \frac{K_i}{T^2}\frac{1}{s^2}$$

$$H(s) = \frac{G(s)}{1+G(s)} = \frac{sk_1 + k_2}{s^2 + sk_1 + k_2}$$

$$k_1 = \frac{K_p}{T} \qquad\qquad \omega_n = \sqrt{k_2}$$

$$k_2 = \frac{K_i}{T^2} \qquad\qquad \xi = \frac{k_1}{2\sqrt{k_2}}$$

（1）对于一个 N 位的积分器，如果在输出端舍弃其低 D 位的数据，只取其高 $N{-}D$ 位的数据，则该积分器就会产生 $2{-}D$ 的增益。

（2）由于在 DLF 中有很多模块都需要 CK_div2 的驱动，需要借助时钟树来设计对不同模块的时钟驱动。

（3）双向计数器较好地滤除随机噪声。

（4）对于积分累加器我们还做了防溢出处理，它的范围只能在 $-4\sim3$。

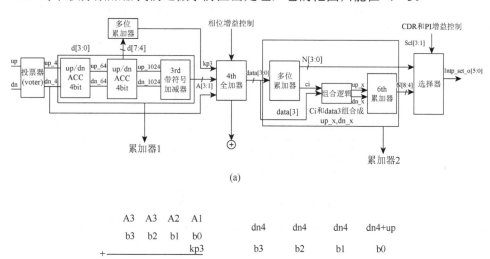

(a)

A3	A3	A2	A1		dn4	dn4	dn4	dn4+up
b3	b2	b1	b0		b3	b2	b1	b0
+			kp3					

data3 ··· data0

(b)

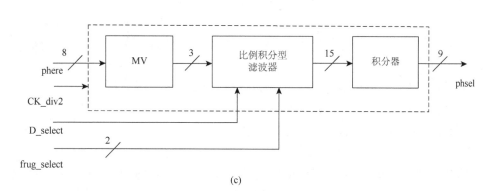

(c)

图 6.16　系统结构示意图

对于相位区间选择电路（PS），若相位插值电路直接在 360°范围内进行插值，会引起较大的量化误差，且环路锁定时间很长。所以有必要将全周期分为多个插值区间，本设计的插值电路插值区间为 45°，共有 8 个插值区间。PLL 电路提供 8 个相位的时钟，分别为 0°，45°，90°，135°，180°，225°，270°，315°的时钟。

对于相位插值器（PI），其基于相位插值的 CDR 电路中的关键模块。以相位区间选择电路给出的插值区间作为差值边界，根据插值权重控制信号按照插值步长精细地调节时钟相位，得到有精确相位的时钟。

6.5.2 CDR 具体分析及实现

代码实现的是一个 PS 型 CDR，采用全速的 BBPD，选择 16 个不同相位时钟中的一个。实际电路是 PS/PI 型 CDR，半速的 BBPD。

Bang bang 鉴相器（图 6.17）相较于线性鉴相器有所不同，它只检测出时钟超前还是滞后于数据，对时钟和数据相位的差值不敏感。当时钟超前或滞后时，PD 输出的 DN 或 UP 信号，脉冲宽度都是一样的。

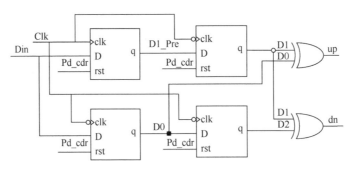

图 6.17 Bang bang 鉴相器结构示意图

代码实现了电路图 6.18 中的全速 Alexander 鉴相器。该种结构包含了四个 D 触发器，其中三个是下降沿触发，一个是上升沿触发。四个触发器相当于时钟对数据进行连续三次边沿（上升沿和下降沿）采样，再把采样结果送入异或门。

采样后的数据再同时经过第二个下降沿进行重新采样，重新采样的目的是保证输入异或门的数据是同时到达的，也就是确保异或门输出的 UP、DN 信号不会因为数据到达时刻不同而造成输出错误。

三个连续采样点为图中的 D0、D1、D2，有以下三种情况。

（1）D0≠D1 = D2，时钟超前于数据，输出 UP = 1 信号。

（2）D0 = D1≠D2，时钟滞后于数据，输出 DN = 1 信号。

（3）D0 = D1 = D2，无数据变化。

当 UP 有脉冲信号输出，且 DN 信号一直为低电平时，电路表示时钟滞后于数据。反之，表示时钟超前于数据。PD 输出的 UP 信号或者 DN 信号送到后级电路中，通过环路的调节能力，直到时钟信号的上升沿对其数据信号的跳变沿。此时，时钟的下降沿正好对数据进行最佳采样。

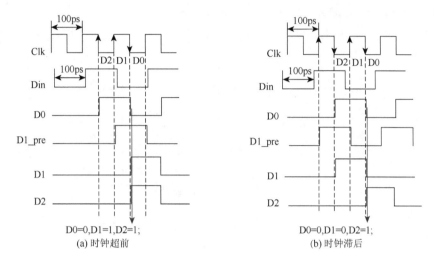

(a) 时钟超前　　　　　　　　　　　　　　(b) 时钟滞后

图 6.18　全速 Alexander 鉴相器

相位选择器如图 6.19 所示。

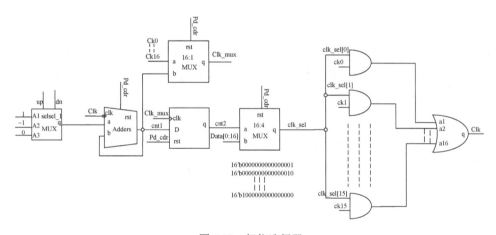

图 6.19　相位选择器

首先由 UP = 1 计数器 cnt1 自 + 1，DN = 1 时 cnt1 自 −1。通过 cnt1 判断 clk_mux 该选择哪个时钟相位，clk_mux 上升沿采样 cnt1 的值赋给 cnt2，再用 4 位 cnt2 的值来选择 16 位的 clk_sel 的第几位为 1，其他位为 0。最后将 clk_sel 的 16 位分别与 ck0-ck15 相与，选出了最后 clk 的相位。

$270 \oplus 0 = d0xor270 = d2$,　　$90\_2 \oplus 270 = d90xor270\_1 = e2$,

$90\_3 \oplus 180 = d90xor180 = d1$,　　$90\_3 \oplus 270 = d90xor270\_2 = e1$

下面定义的是时钟超前为 up，时钟落后为 dn。对一个数据跳变沿进行检测，有时并不能得到正确的时钟数据的相位关系，如检测时刻数据正好不跳变，或由于抖动影响引起个别数据有相位偏差。所以，有必要对多个数据跳变沿进行检测，然后根据多数情况得出时钟和数据的相位关系。表决器系统结构如图 6.20 所示。表决器时序示意图如图 6.21 所示。表决器结构示意图如图 6.22 和图 6.23 所示。

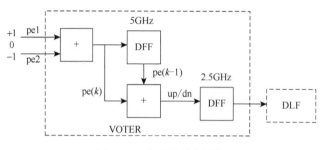

图 6.20　表决器系统结构

图 6.21　表决器时序示意图

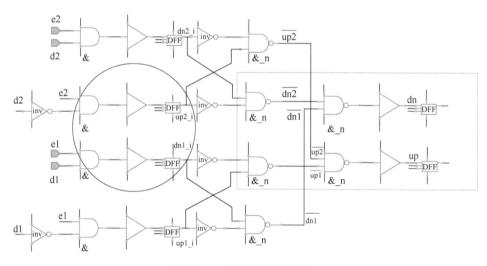

图 6.22　表决器结构示意图 1

如果相邻两个时刻中有一个是 dn，另一个是 dn 或者 hold，则可以准确判断这两个时刻是 dn，对应表 5 中①这种情况。②同理，得到 up。如果两个时刻都是 hold，则合并后依然判断为 hold，对应③。现在出现特殊的情况④，但这却是常见情况，它表明这连续两个时刻中一个是超前，一个是滞后，当时钟对齐数据边沿时，采样数据边沿的值就会出现不稳定，可能前一个边沿是 1，后一个边沿采出来却是 0，所以导致这种情况。合并之后 dn 和 up 同时为 1 了，本质上与第三种情况一样，即无法判断到底是超前还是滞后。

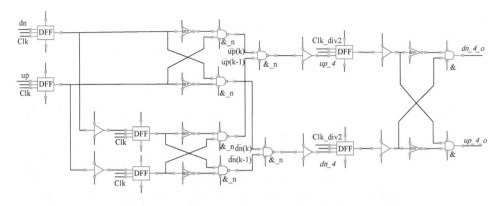

图 6.23　表决器结构示意图 2

最后输出的 dn_4_o 将连续的 4 个数据的边沿信息合并，如果每个数据的边沿都做处理，那么整个 CDR 电路处理的频率太高，而且很多是无用操作，即之前提到的 up、dn 都为 0 或者都为 1。这样合并后，避免了 up 和 dn 控制字的频繁变动。累加器结构示意图如图 6.24 所示。

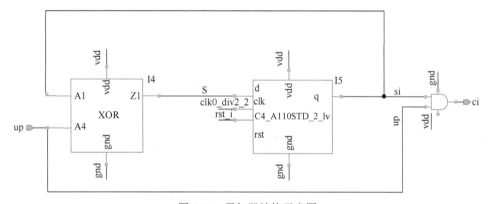

图 6.24　累加器结构示意图

例如，当连续的 4 个周期内 up 为 0101，按照累加器的原理，来 1 的时候自加 1，0 的时候不变，可以看出 0101 中两个 1，加了两次，最后得到的本位应该为 0，产生一次进位。步骤如下。

（1）$si(0) = 0$，$up(0) = 0 \oplus si(0) = 0$，$s = 0$，$ci(0) = up(0) \& si(0) = 0$。

（2）$si(1) = s = 0$，$up(1) = 1 \oplus si(1) = 0$，$s = 1$，$ci(1) = up(1) \& si(1) = 0$。

（3）$si(2) = s = 1$，$up(2) = 0 \oplus si(2) = 1$，$s = 1$，$ci(2) = up(2) \& si(2) = 0$。

（4）$si(3) = s = 1$，$up(3) = 1 \oplus si(3) = 1$，$s = 0$，$ci(3) = up(3) \& si(3) = 1$。

6.5.3　CDR 建模

1. 整体结构

1）Bangbang 鉴相器

Bangbang 鉴相器由于具有增益高、能工作在很高的速率下等优点在电路中广泛使用。

只产生输入信号相对参考信号是超前还是滞后，对相位误差的大小不提供任何信息，给系统带来了非线性。很难建立线性模型来分析抖动容忍度等指标。CDR 结构如图 6.25 所示。幅频特性曲线如图 6.26 所示。

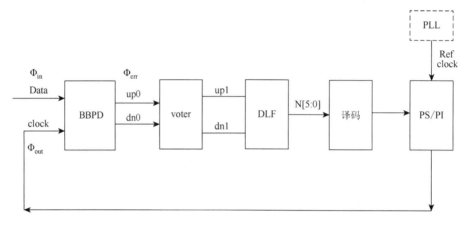

图 6.25　CDR 结构

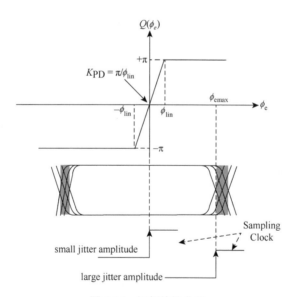

图 6.26　幅频特性曲线

$$Q(\phi_e(t)) = \begin{cases} \pi, & \phi_e(t) > \phi_{lin} \\ K_{PD} \cdot \phi_e(t), & -\phi_{lin} \leqslant \phi_e(t) \leqslant \phi_{lin} \\ -\pi, & \phi_e(t) < -\phi_{lin} \end{cases}$$

$$\phi_{lin} = 2\pi(2\sigma_j/T) = 2\pi(2\sqrt{\sigma_{din}^2 + \sigma_{lo}^2}/T))$$

$$K_{PD} = \pi/\phi_{lin}$$

进行线性化处理的另一种方法是从统计学角度推出的 Bangbang 鉴相器长时间平均输出特性，假设输出时钟抖动符合高斯 PDF，计算出平均的鉴相器增益。

$$K_{\text{PD}} = \frac{1}{\sigma_j \sqrt{2\pi}}$$

2）环路滤波器

首先讨论环路滤波器的阶数对整个传递函数的影响，模拟 PLL 线性模型。环路滤波器如图 6.27 所示。

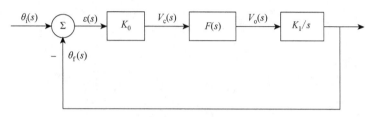

图 6.27　环路滤波器

滤波器阶数越高，PLL 环路纠错能力越强。但是，环路滤波器的阶数越高，PLL 环路引入的极点也会越多，环路的稳定性的设计也就越困难。滤波器与积分器结构如图 6.28 所示。

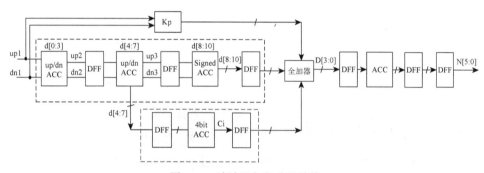

图 6.28　滤波器与积分器结构

环路滤波器由一个比例积分型数字低通滤波器和一个积分器串联构成。该积分器是为了弥补 PS/PI 不具备积分能力而加入的，用于提高环路的纠错能力。

对于一个 N 位的积分器而言，如果在输出端舍弃其低 D 位的数据，只取其高 $N{-}D$ 位的数据，则该积分器就会产生 2^{-D} 的增益。如一个 11 位的积分器 d[10：0]，如果输出只取其高 3 位 d[10：8]，则该积分器就会产生 2^{-8} 的增益。我们还对累加器做了防溢出处理，d[10]为符号位，所以 d[10：8]的范围只能在–4～3。除开符号位，用了 10 位数据去表示相位误差大小，整个相位误差大小的量程是 $-2^{10} \sim 2^{10}-1$，保证积分路径的位数大于 PSPI 的位数，基本上是不会出现溢出的，因为 PS/PI 的控制字本来 9 位，取了高 6 位 N[5：0]。PS/PI 增益为 2^{-3}。

图 6.29 中的全加器实现了如下公式：

dn4	dn4	dn4	dn4+up
d10	d10	d9	d8
+			ci
D3	D2	D1	D0

所以 $K_p = 1$；$K_i = 2^{-8}$。

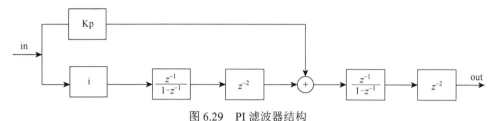

图 6.29　PI 滤波器结构

滤波器传递函数

$$L(z) = (K_p + K_i \cdot \frac{1}{(z-1)z^2}) \cdot \frac{1}{(z-1)z^2}$$

系统传递函数

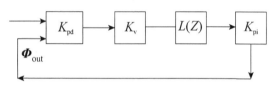

开环：$H_o(z) = K_{pd} \cdot K_v \cdot L(z) \cdot K_{pi}$

闭环：$H(z) = \dfrac{H_o(z)}{1 + H_o(z)}$

令 $K_{pd} \cdot K_v \cdot K_{pi} = K$

$$H(z) = \frac{K \cdot L(z)}{1 + K \cdot L(z)} = \frac{K[K_p \cdot (z-1)z^2 + K_i]}{(z-1)^2 z^4 + K[K_p \cdot (z-1)z^2 + K_i]}$$

利用脉冲响应变换法，将 Z 域模型转换为 S 域，求出带宽、阻尼系数。闭环函数的
−3dB 带宽主要只受 K_p 影响，抖动峰值主要受 K_i / K_{p2} 影响。误差传递函数为

$$H_{err}(z) = 1 - H(z) = \frac{1}{1 + H_o(z)}$$

抖动容限表示的是输入相位的最大变化范围，假设我们选误码率是 10^{-10}，这个抖动
容限函数在低频不准确的，低频不满足 BBPD 线性区条件。抖动容限函数为

$$J_{tol} = (1 - \frac{12\sigma_j}{T_{UI}})(1 + H_o(z))$$

$$\Delta\theta = \frac{200\text{ps}}{2^6} = 3.125\text{ps}$$

Simulink 仿真模型结构如图 6.30 所示。

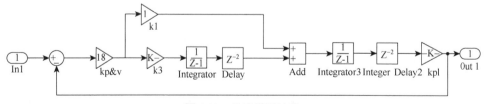

图 6.30　仿真模型结构

仿真结果如图 6.31 所示。极点（0.9959、0.8263、0.4756、0.3019、0.0658、0.0617）都在单位圆内。

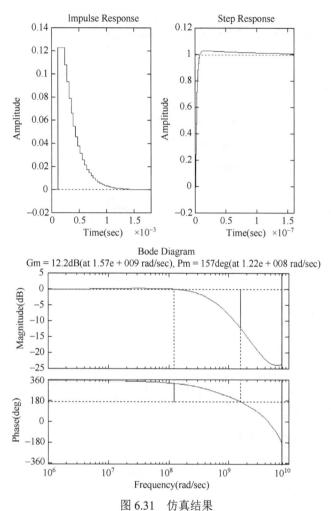

图 6.31　仿真结果

2. 相位误差大小追踪（虚线框中电路）

仿真模型如图 6.32 所示。状态转移图如图 6.33 所示。

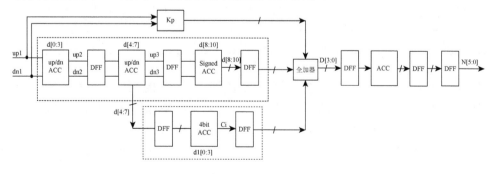

图 6.32　仿真模型

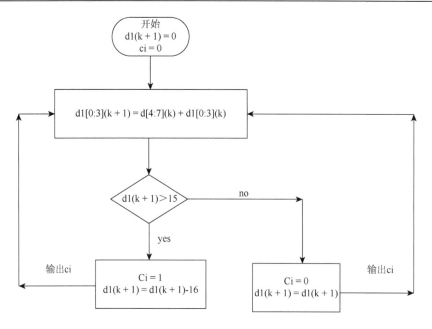

图 6.33　状态转移图

$$dn4 \quad dn4 \quad dn4 \quad dn4+up$$
$$d10 \quad d10 \quad d9 \quad d8$$
$$+ \qquad\qquad\qquad ci$$
$$\overline{\quad D3 \quad D2 \quad D1 \quad D0\quad}$$

这个电路只能加快幅值较大的正相位误差的调节，不能对负的相位误差调节，因为累加的 $d[4：7]$ 不能表示负数。如表 6.1 所示。

表 6.1　DLF 中间变量表

d	d[0：3]	d[4：7]	d[8：10]	D[0：3]（wi/ci）	D[0：3]（wo/ci）
16	0000	1000	000	1 + 1/16	1000（1）
240	0000	1111	000	0100（2）	1000（1）
783	1111	0000	110	1000（1）	1000（1）
−1	1111	1111	111	1111（−1）	0111（−2）
−16	0000	1111	111	1111（−1）	0111（−2）

因此，在大的相位误差时，虚线框电路才起作用，小的相位误差时，没作用。因为 BBPD 的线性范围是在较小的相位误差内，所以分析整体线性模型时，不考虑这级。

系统结构如图 6.34 所示。

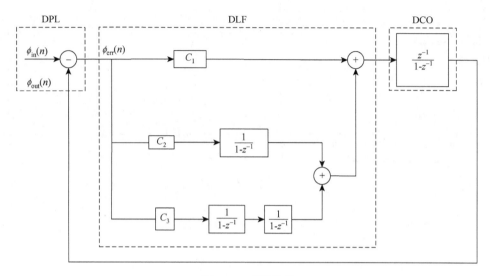

图 6.34　系统结构

Simulink 仿真模型及结果如图 6.35 所示。

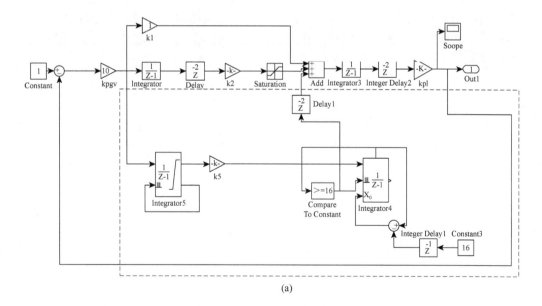

(a)

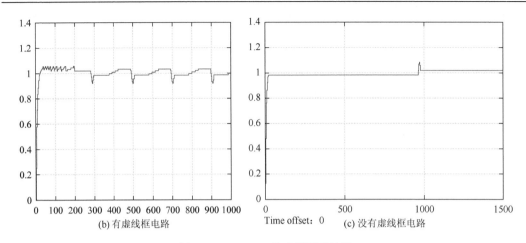

(b) 有虚线框电路　　Time offset：0　　(c) 没有虚线框电路

图 6.35　Simulink 仿真模型及结果

6.6　本 章 小 结

　　本章主要介绍 JESD204B 高速串行接收机的设计，首先为了保证采样电路能够为相位检测电路同时提供数据边沿和数据中心的采样信息，本章的采样电路使用了四个基于灵敏放大器的触发器电路，分别用四个相位相差 90°的时钟对输入数据进行采样。然后研究了在高速 Serdes 下，由于存在信号的抖动可能会超过一个符号间隔，此时线性均衡器已经不再适用，为了解决这种困扰，引入了 DFE 的非线性均衡器。DFE 只对信号放大，不对噪声放大，可有效改善 SNR。最后，通过 CDR 电路能够很好地解决由于信道的衰减、芯片内部和封装中存在的串扰等因素，而引起接收到的数据信号产生抖动的缺陷。

第7章　系统仿真结果

7.1　控制器仿真结果

7.1.1　扰码有效

1. subclass0 模式下（$k = 32$，$f = 4$）

使用到的配置：reg_no31/reg_no3c 用于配置扰码使能；reg_No30/reg_No3b 用于配置 subclass。分别配置如下。

（1）Reg_No31：16'h037e；

（2）Reg_No3c：16'h03de；

（3）Reg_No30：16'0300；

（4）Reg_No3b：16'0001。

在 TX 端的加扰是对 ADC 采样的数据进行加扰，而对 ILAS 无影响，因此在 ILAS 阶段数据不变，如图 7.1 所示。其中 scram_enable 是加扰使能信号，拉高则是加扰，否则不加扰；txdatain[31：0]则是经过帧组装过后进入链路层的数据；data_in[31：0]表示将进入链路层的数据加扰后的输出数据，将图 7.1 与图 7.2 比较可看出在加扰使能时，ILAS 阶段的数据不受影响，输出依然是 ILAS，而经过 ILAS 之后其数据已被加扰。图 7.3 是不加扰的仿真结果，通过对比可以清楚地看到对数据加扰处理后的效果。接收链路层解扰仿真结果如图 7.4 所示，可以看到解扰后的数据与发送数据保持一致。

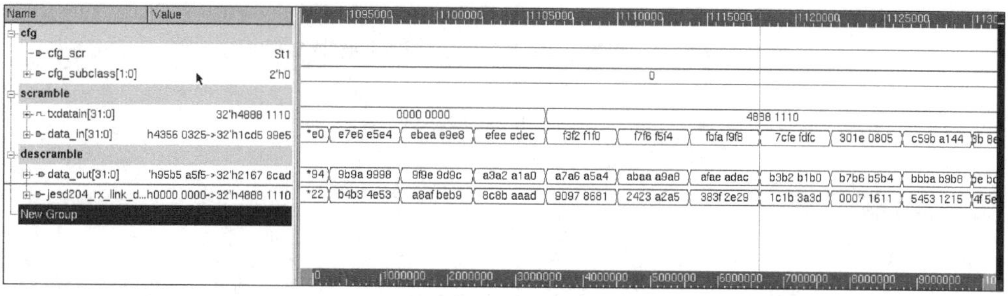

图 7.1　加扰

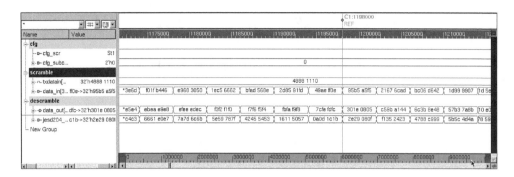

图 7.2　加扰仿真结果

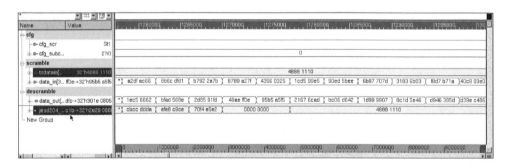

图 7.3　不加扰仿真结果

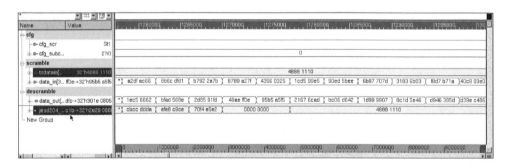

图 7.4　解扰仿真结果

7.1.2　SPI 读写操作

通过配置 SPI 地址，对寄存器进行读写操作。本次配置为将数据 16'haa55 写入地址为 1~64 的寄存器中，并将寄存器数据读出。从图 7.5 可以看到，已将数据 16'haa55 写入 64 个寄存器中，图 7.6 为 spi master 读取的串行数据，由于本次设计并没有用到读操作，所以 spi master 没有对读到的串行数据进行处理。

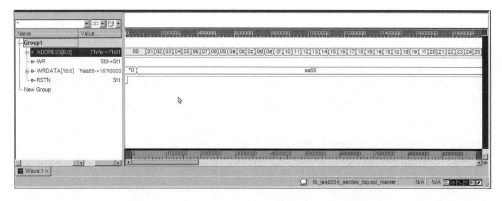

图 7.5 SPI 写操作

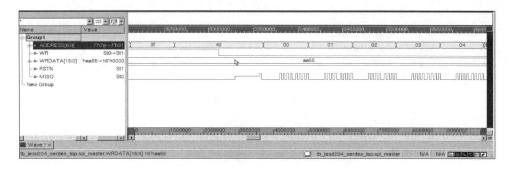

图 7.6 SPI 读操作

7.1.3 两条通道发送不同数据

1.两条链路发送固定数据

JESD204B 可以实现多通道多链路传输数据。本次测试是用两条链路分别发送两种不同的固定数据,以测试其两条链路间是否有黏连。

(1)链路 1 发送数据:28'h1111_222。

(2)链路 2 发送数据:28'h1111_222。

经过测试,在接收端的两条链路正确接收到了相应数据,且无错误警告,如图 7.7 所示。

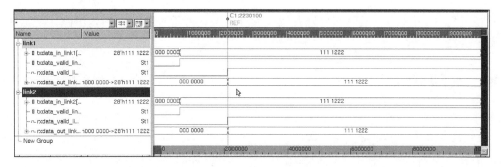

图 7.7 收发固定值

2. 两条链路发送连续的不同数据

（1）链路 1 发送数据：0、2、4、6 等偶数。

（2）链路 2 发送数据：1、3、5、7 等奇数。

经过测试，在接收端的两条链路正确接收到了相应数据，且无错误警告，如图 7.8 和图 7.9 所示。

图 7.8　发送不同数据

图 7.9　接收数据

3. 通道 1 输出连接通道 2，通道 2 输出连接通道 1

此次测试是将通道 1 连接到通道 2，通道 2 连接通道 1。从而实现通道间关联性的检测。

（1）链路 1 发送数据：0、2、4、6 等偶数。

（2）链路 2 发送数据：1、3、5、7 等奇数。

在正常模式下，接收端链路会接收到对应发送端的数据，即链路 1 接收到偶数，链路 2 接收到奇数。而经过通道交叉后，即链路 1 输出连接链路 2，链路 2 输出连接链路 1，则接收端链路 1 会接收到奇数，链路 2 接收到偶数。通道交叉测试结果如图 7.10 所示。

图 7.10　通道交叉测试结果

由图 7.10 可看出，发射端分别发送偶数和奇数，经过链路交换后，链路 1 接收到了奇数，链路 2 接收到了偶数。说明两个链路间没有关联。

7.1.4　多芯片同步

1. subclass0

1）码组同步，无通道同步（无 ILAS）

需要使用到的寄存器有：RegNo30/3b 用于配置 subclass，RegNo31/3c 用于配置是否发送 ILAS。

（1）RegNo30：16'h 0300 配置为 subclass0。

（2）RegNo3b：16'h 0001 配置为 subclass0。

（3）RegNo31：16'h 03f8 配置为不发送 ILAS。

（4）RegNo3c：16'h 033e 配置为不发送 ILAS。

本次配置将每个 chip 中两条链路接收端延迟为两个时钟周期接收数据。每条链路 TX 端在同一时刻发送数据，而接收端则有延迟的接收数据。由图 7.10 可看出，TX 端在同一时刻发送数据，而两条链路的 RX 端则经过两个时钟的延迟缓存数据并可以在同一时刻释放数据从而实现数据的对齐。

由图 7.11 和图 7.12 还可看出在经过码组同步后，TX 端 data_in[31：0]直接发送的是用户数据而不是 ILAS 数据。

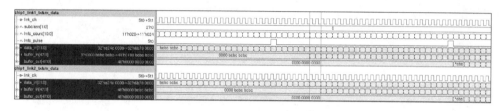

图 7.11　subclass0 模式下无 ILAS

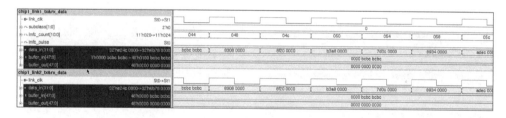

图 7.12　bc 后直接是用户数据

对于多芯片的延迟。将 chip1 与 chip2 之间的时钟延迟为 30ps，chip2 与 chip3 之间时钟延迟为 30ps，则 chip1 和 chip3 之间的延迟为 60ps，如图 7.13 所示。

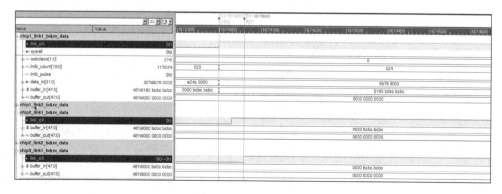

图 7.13　chip 间的延时

且 chip 之间的 RX 端缓存的数据有较大的延迟，如图 7.14 所示，但它们可以在同一个时钟周期内释放缓存的数据。

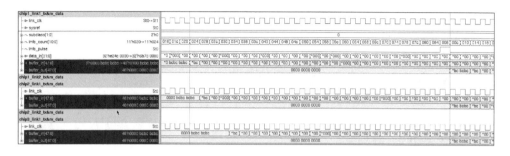

图 7.14　释放数据

此时 chip 间的时钟延迟依然保留。间隔为 30ps，如图 7.15 所示。

图 7.15　chip 间的延迟

2）通道同步

需要使用到的寄存器有：RegNo30/3b 用于配置 subclass；RegNo31/3c 用于配置是否发送 ILAS。

（1）RegNo30：16'h 0300 配置为 subclass0。

（2）RegNo3b：16'h 0001 配置为 subclass0。

（3）RegNo31：16'h 03fa 配置为发送 ILAS。

（4）RegNo3c：16'h 03be 配置为发送 ILAS。

当配置为发送 ILAS 数据时，在码组同步后，就会发送初始通道对齐序列。其中 ILAS 中每个多帧是以 1c 开始，7c 结束。本次配置的 ILAS 为 4 个多帧，每个多帧含有 32 个帧。经过 ILAS 之后发送的既是用户数据。3 个 chip 的 RX 端也是在同一个时钟周期内释放数据，如图 7.16 和图 7.17 所示。

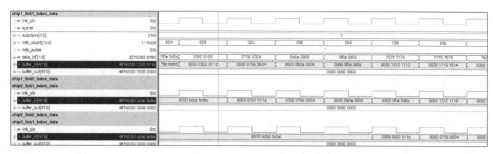

图 7.16 含有 ILAS 的数据对齐 1

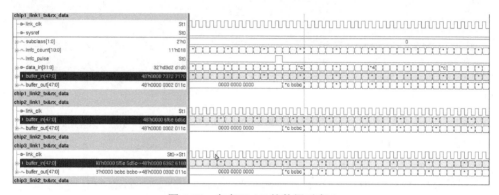

图 7.17 含有 ILAS 的数据对齐 2

对于同一个 chip 中的两条链路,在两条链路输入数据有延迟的情况下,依然可以在相同时刻释放缓冲器中的数据从而实现对齐,如图 7.18 所示。

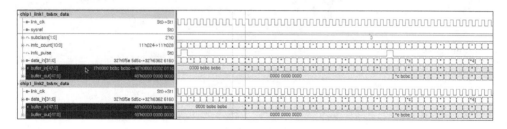

图 7.18 同一 chip 数据对齐

2. subclass1

1)码组同步及通道同步

需要配置的寄存器:RegNo30/3b 配置 subclass;RegNo31/3c 配置 ILAS。

(1)RegNo30:16'h 0310 配置为 subclass1。

(2)RegNo3b:16'h 1001 配置为 subclass1。

(3)RegNo31:16'h 03fa 配置为发送 ILAS。

(4)RegNo3c:16'h 03be 配置为发送 ILAS。

本次测试是将 chip1 和 chip2 之间的延迟设置为 60ps,chip2 和 chip3 之间的延迟为 60ps,则 chip1 和 chip3 之间的延迟为 120ps,而在一般情况下,chip 之间的延迟不会超过

100ps，如图 7.19 所示。

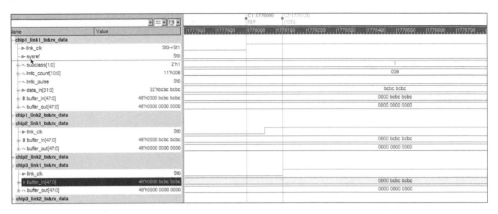

图 7.19　subclass1 模式下 chip 间的延迟

在 subclass1 中，通过 sysref 信号实现确定性延迟。sysref 信号被传输给所有的设备。进入码组同步。接收机发送同步请求，将 sync 拉低，发送机发送一连串/K/(16'hbc)。当接收机接收到至少四个连续的/K/后，可在任意的 LMFC 边沿取消同步请求（拉高 sync）。当接收到另外四个 8B/10B 字符后，接收机认为所有码组同步，如图 7.20 所示。

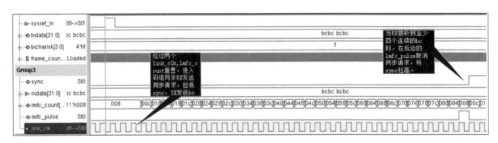

图 7.20　码组同步

当取消同步请求后，发送机仍然发送/K/直到下一个 LMFC（默认为下一个 LMFC，也可设置为其他）。从被选择的 LMFC 开始传输数据。若支持 ILAS，则此时传输 ILAS，如图 7.21 所示。

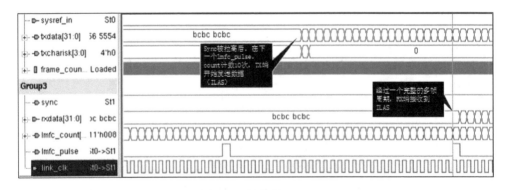

图 7.21　接收到 ILAS

以上为单芯片单链路的情况。对于多芯片多链路的情况，其流程与单芯片类似。现主要测试其能否实现多芯片多链路的对齐。其测试结果如图 7.22 所示。

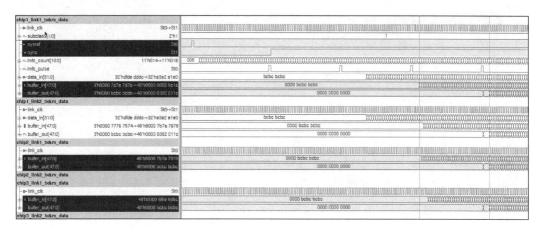

图 7.22　多 chip 间对齐

由图 7.22 可看出，当 sysref 信号到来时，进入码组同步阶段。各个 chip 以及 chip 间的 RX 在不同的时间接收到 ILAS 数据，而在相同的时钟周期内释放数据，完成数据的对齐。

3. 配置 RBD

JESD204B 可通过 RBD 来调节数据在 LMFC 边沿释放。其调节范围为 0～255。可以通过 rx_buffer_adjust 来读取数据进入 RX 缓冲器时距离 lmfc_pulse 的时间。rx_buffer_adjust 是在下一个 lmfc_pulse 显示输入数据与 lmfc_pulse 的距离，如图 7.23 所示。

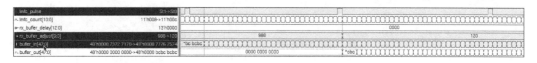

图 7.23　RBD 值

由图 7.23 可知，rx_buffer_adjust = 120，则 buffer_in 的数据是在距离下一个 lmfc_pulse 有 120/4-2 = 28 个周期进入。此时 rx_buffer_delay = 0。而将 rx_buffer_delay 配置为 8 时，buffer_out 中的数据就会提前两个周期释放，如图 7.24 和图 7.25 所示。

需要注意的是，配置 rx_buffer_delay 的值必须小于 3 个 chip 中 rx_buffer_adjust 的最小值再减去 2×4。因为数据释放时间不能超前于数据进入缓冲器的时间。例如，3 个 chip 中最小的 rx_buffer_adjust 值为 116，则 rx_buffer_delay 可以配置的最大值为 116-2× 4 = 108。此时 3 个 chip 的 RX 端也可以在相同的周期内释放数据完成数据的对齐，如图 7.26 所示。

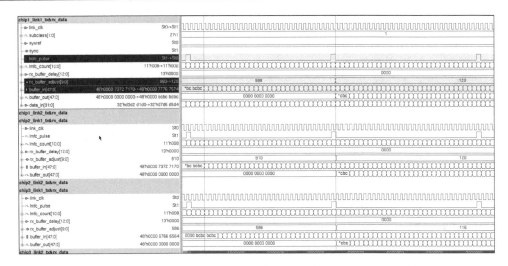

图 7.24 rx_buffer_delay = 0 时 3 个 chip 中的 rx_buffer_adjust 值

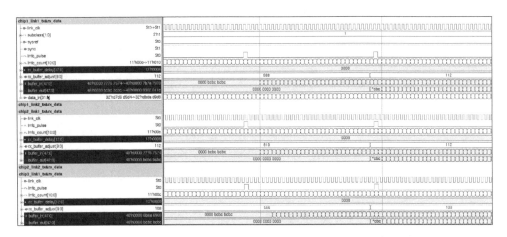

图 7.25 rx_buffer_delay = 8 时 buffer_out 数据提前两个周期释放

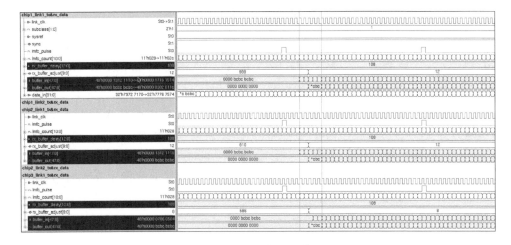

图 7.26 配置 RBD 值

7.1.5 环路测试

1. 近端环回（不经过 204B 协议）

本次测试是将 28 位的 userdata 经过 TX 端的帧组装器组装为 32 位数据，然后直接环回到 RX 端的帧组装器转换为 28 位数据。从而不经过 JESD204B 的数据链路层。

需要配置的寄存器为：RegNo3f，16'h3660，即将 TX 端的帧组装器输出的 32 位数据直接环回到 RX 端的帧组装器的输入。

Userdata 为：①链路 1 发送数据 0、2、4、6 等 28 位偶数；②链路 2 发送数据 1、3、5、7 等 28 位奇数。

在发射端，用户数据经过帧组装器后组装为 32 位数据，如图 7.27 所示。

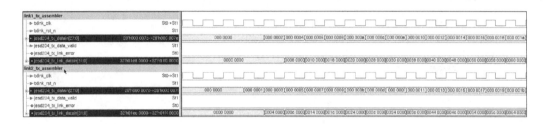

图 7.27　TX 端发送定点连续数据

在接收端，通过环路 RX 端接收到 TX 端发送过来的经过帧组装过后的 32 位数据，经过解帧组装器后，其值与 TX 端发送的数据相同，如图 7.28 所示。

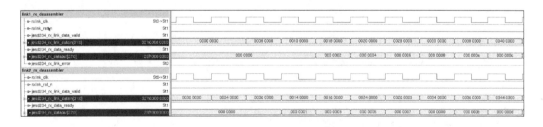

图 7.28　RX 端接收数据

2. 远端环回（不经过 PHY）

收发端在 PHY 外连接环回（subclass1，$k = 32$，$f = 4$）。

使用到的配置：reg_no3f，16'h3780，开启两条链路在 phy 前的环回。

经测试，当将 TX 端经过 8B/10B 编码过后的数据直接环回到 RX 端时，在 RX 端可以正确接收到 TX 发送的数据，如图 7.29 所示。

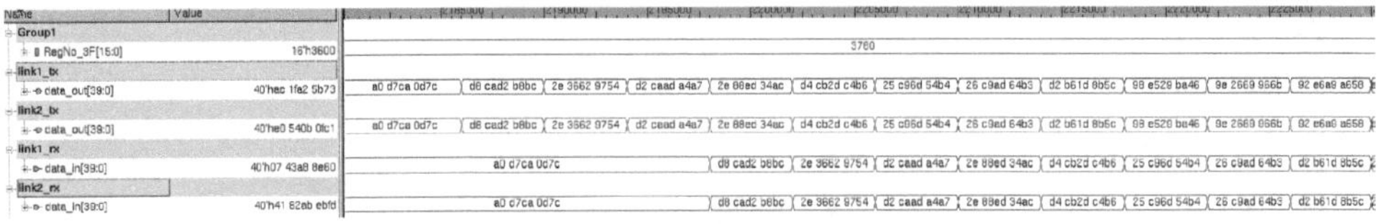

图 7.29　PHY 外环回收发数据

7.1.6　多芯片同步异常测试

1. subclass0 模式

subclass0 模式下时钟相位和 SYNC 相差较大，超过一个时钟周期。

本次测试将 chip1 和 chip2 之间时钟相位相差 4200ps，即相差大于一个时钟周期，chip2 和 chip3 之间相差 4200ps，即相差大于一个时钟周期，如图 7.30 所示。

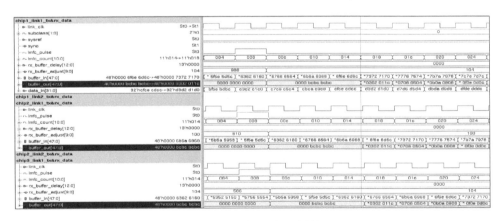

图 7.30　chip 间相差一个时钟周期

3 个 chip 中的 RX 端缓冲器依然可以在同一时钟周期内释放数据实现对齐。因为 chip 间延迟大于一个周期时，只是在起始端大于一个周期，经过 rst 复位之后，可认为 chip 间的延时为 200ps，延时在一个时钟周期之内，如图 7.31 所示。

图 7.31　chip 间延时释放数据

2. subclass1 模式

1）各个 chip 中的 sysref 信号有延迟

本次测试中，设置 chip1 和 chip2 中 sysref 信号的延迟为 50ps，chip2 和 chip3 中的 sysref

信号延迟为 50ps，如图 7.32 所示。

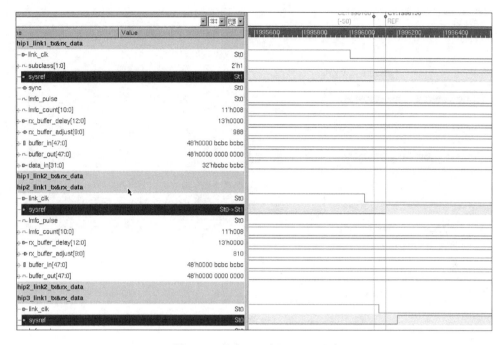

图 7.32　各个 chip 间 sysref 延时

在此种情况下，chip 之间依然可以实现在相同时钟周期内接收端的缓冲器同时释放数据实现对齐，如图 7.33 所示。

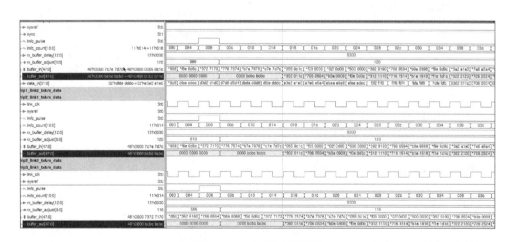

图 7.33　chip 间对齐释放

2）时钟相位大于一个多帧时钟

当在 subclass1 模式下时，对各个 chip 间延迟大于一个时钟周期（图 7.34），其与 subclass0 模式情况相似，依然可以在同一个时钟周期内释放数据以达到对齐（图 7.35）。

图 7.34　时钟大于一个时钟周期

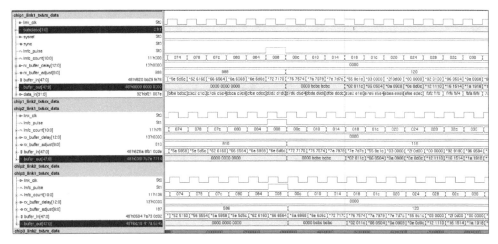

图 7.35　chip 间可以在同一个时钟周期释放

3）sysref 拉长 10 拍

如图 7.36 所示，将 sysref 拉长 10 拍。

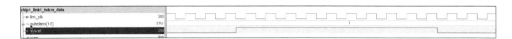

图 7.36　将 sysref 拉长 10 拍

经测试发现，依然可以在相同时钟周期内实现多芯片之间的对齐，如图 7.37 所示。

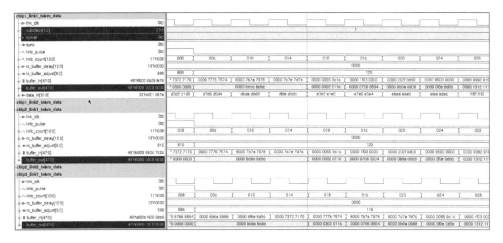

图 7.37　chip 间同一时钟周期释放

7.1.7　正常发送功能

1. 8B/10B 编码功能

采用 test data 工作模式定点发送 64 位数据 aaaa_aaaa_5555_5555，如图 7.38 中的 tdi_data [63：0]端口所示，经 64 位转换为 32 位的数据进入链路层的数据输入端为 txdatain[31：0]；根据 8B/10B 的编码规则 8 bits 的 AA 转换为 10 bits 的 16A（查表可知，RD 负与 RD 正都为 16A）；从仿真结果图 7.38 可以看出，32 bits 输入数据 aaaa_aaaa 经 8B/10B 编码模块输出 40 bits 数据为 0101101010_0101101010_0101101010_0101101010（8B/10B 模块的输出比输入慢一个周期时钟）；通过比较，两种方式得出的 40 bits 的转换数据相一致；同理经验证 32 bits 的输入数据 5555_5555 经以上两种方式得出的结果也保持一致（仿真数据如图 7.39 所示），由此可知该系统中的 8B/10B 模块正常工作。

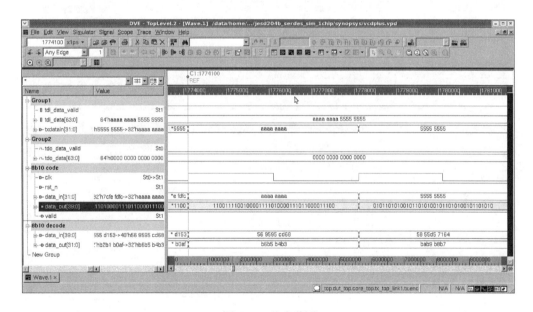

图 7.38　仿真截图

2. 8B/10B 的解码功能

由图 7.40 的 8B/10B decode 的 datain[31：0]端 40 bits 的输入数据 1010010101_10100 10101_1010010101_0101101010 经查表可得 32 bits 转换数据 5555_55aa（55 对应 295，aa 对应 16A）；仿真结果如图中 8B/10B 模块的输出端 data_out[31：0]，对应的输出结果为 5555_55aa；对比以上两种解码结果可得系统的 8B/10B 解码模块符合 8B/10B 解码规则。

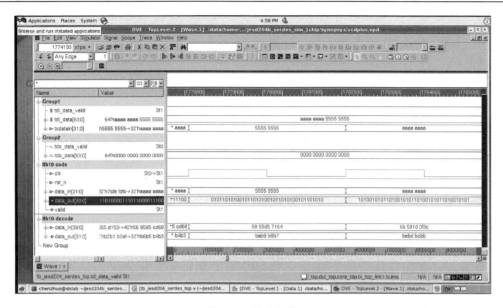

图 7.39　仿真数据

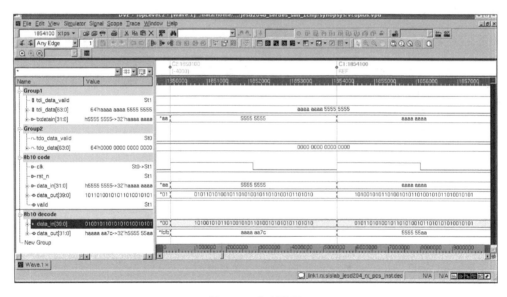

图 7.40　仿真结果

3. 扰码使能测试

仿真结果如图 7.41 所示，由端口 tdi_data[63：0]输入 64 bits 数据 aaaa_aaaa_5555_5555，转换为 32 bits 数据有 txdatain[31：0]输入到链路层；32 bits 的数据再经过加扰码处理进入 8B/10B 编码模块，RX 通路 8B/10B decode 模块接收到 40 bits 输入数据转换为 32 bits 数据输出，再由解扰码处理得出解码数据进入传输层如 jesd204_rx_link_datain[31：0]端口所示，解扰数据正确，由此可以得出该系统的加扰码和解扰码符合设计要求。

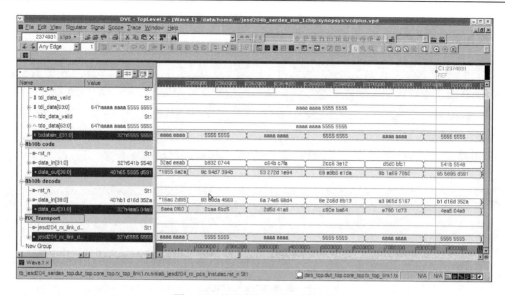

图 7.41　扰码使能测试仿真结果

4. 扰码不使能测试

仿真结果如图 7.42 所示,由端口 tdi_data[63：0]输入 64 bits 数据 aaaa_aaaa_5555_5555,转换为 32 bits 数据有 txdatain[31：0]输入链路层；32 bits 的数据不进行加扰码处理进入 8B/10B 编码模块,RX 通路 8B/10B decode 模块接收到 40 bits 输入数据转换为 32 bits 数据输出,输出数据进入传输层如 jesd204_rx_link_datain[31：0]端口所示,输入输出数据正确,由此可以得出该系统在扰码不使能的情况下正常工作符合设计要求。

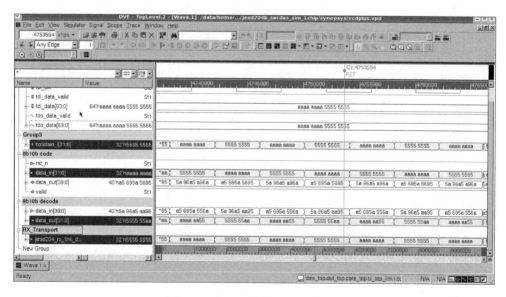

图 7.42　扰码不使能测试仿真结果

5. ILAS 中多帧数目的测试

根据 204B 协议，在 subclass 1 模式下，协议规定 ILAS 中发送 4 个多帧且不能改变；在 subclass 0 模式下，最小可配置 4 个多帧，最多可配置 256 个多帧。仿真结果如图 7.43 所示，为 subclass 0 模式下配置发送最大 256 个多帧，每个多帧时间长度为 6400ps，可以计算出 ILAS 发送 256 个多帧。在接收端，8B/10B 解码模块接收的 ILAS 经计算有 256 个多帧，与发送的 ILAS 多帧数目保持一致。在以上的几个验证功能中都是以最小值 4 个多帧进行，符合要求。

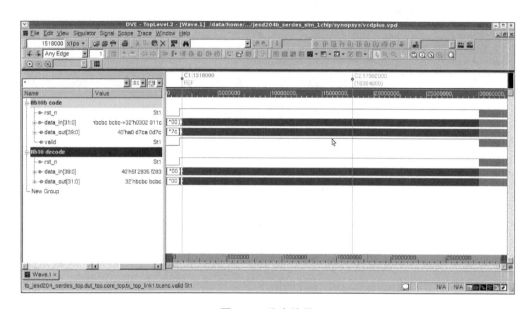

图 7.43　仿真结果

6. 多帧中的帧数测试

k 值配置范围为 1～32，将 k 值配为最大值 32，也就是 ILAS 中每个多帧中包含 32 个帧，如图 7.44 所示，ILAS 中有 4 个多帧，每个多帧 32 个帧。在接收通路，8B/10B 解码模块接收到的 ILAS 中每个多帧中也包含 32 个帧，与发送保持一致（16 个帧的时间长度为 64000ps）。

7. 每帧中字节数的测试

F 参数的配置范围为 1～256，当 F 参数配置为 1 时，也就是每帧一个字节，仿真结果如图 7.45 所示：发送和接收到的 ILAS 中包含 64 个帧，由帧组装输出每个数据 4 个字节，则 ILAS 有 16 个数据与配置保持一致，收发数据正确。

8. 测试模式

当配置工作模式为收发 K28.5 码时，仿真结果如图 7.46 所示，此时链路层一直收发 BCBCBCBC，与设计功能相符。

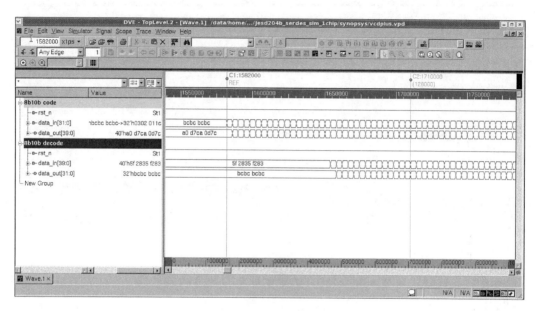

图 7.44　k 值配置

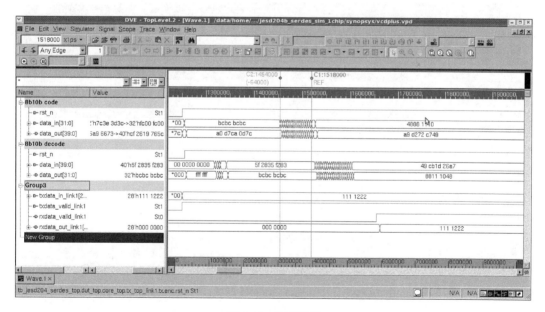

图 7.45　仿真结果

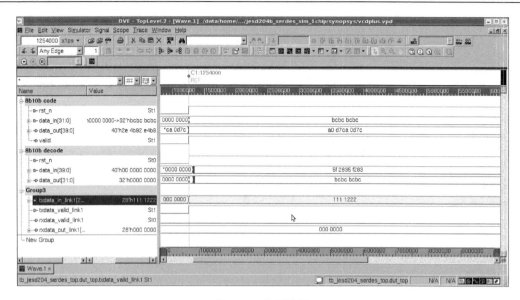

图 7.46 仿真结果

当配置工作模式为 ILAS 时, 仿真结果如图 7.47 所示, 链路层一直收发 ILAS, 与设计功能相符。

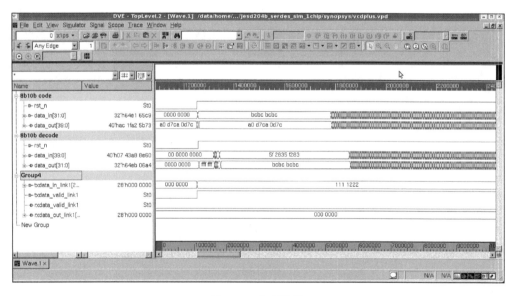

图 7.47 仿真结果

7.1.8 可测试性设计的验证

1. 片外 64 bit 测试激励(高低 32 bit 数据不一致)

通过端口 tdi_data[63: 0]发送定点数据 1111_2222_3333_4444, 数据经过发送通路、

接收通路，接收端口 tdo_data[63：0]接收的数据为 1111_2222_3333_4444；仿真结果如图 7.48 所示，收发数据一致，符合设计功能要求。

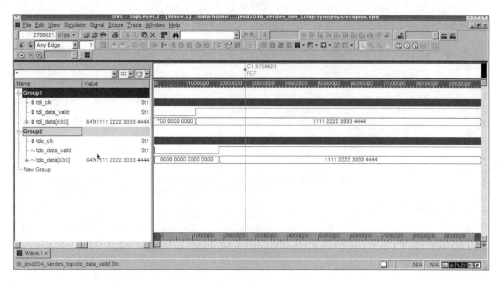

图 7.48　仿真结果

2. 片外 64 bit 测试激励（高低 32 bit 数据一致）

通过端口 tdi_data[63：0]发送定点数据 1111_1111_1111_1111，数据经过发送通路、接收通路，接收端口 tdo_data[63：0]接收的数据为 1111_1111_1111_1111；仿真结果如图 7.49 所示，收发数据一致，符合设计功能要求。

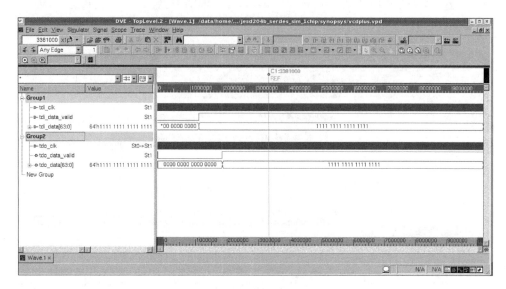

图 7.49　仿真结果

3. 近端内部 32prbs 发送

配置 mux 选择 prbs_gen 模块输出的 32 bit 数据给链路层，在接收链路，经过 8B/10B 解码后 prbs_check 模块 PRBSOUT 端口置 1，接收数据正确；仿真结果如图 7.50 所示。

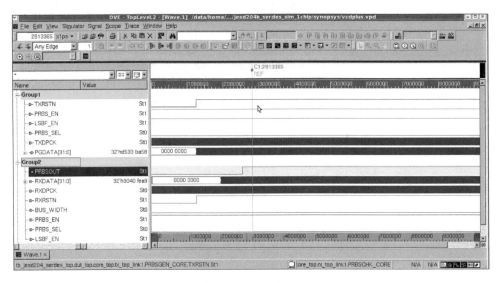

图 7.50   仿真结果

4. 远端 40 bits prbs（靠近 SerDes）发送

配置远端 MUX 选择 prbs_phy 产生 40 bits 数据给 phy，数据经过 phy 在接收链路由模块 prbs_phy_checker 核对数据，MATCH 端口置 1，说明数据在 phy 中的数据传输正确，仿真结果如图 7.51 所示。

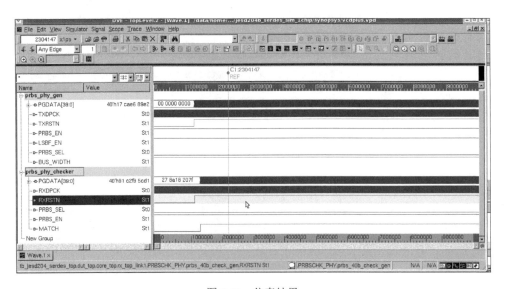

图 7.51   仿真结果

7.1.9　极限速率的测试

1. 2 Gbit/s 速率的测试

配置 link_clk，tx_clk_link1，rx_clk_link1 为 50MB，仿真结果如图 7.52 所示，定点收发数据一致，因此 2 Gbit/s 速率下系统正常工作。

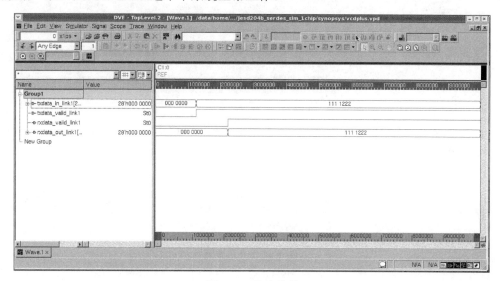

图 7.52　仿真结果

2. 最高速率 12.5 Gbit/s 测试

配置 link_clk，tx_clk_link1，rx_clk_link1 为 312.5MB，仿真结果如图 7.53 所示，定点收发数据一致，因此 12.5 Gbit/s 速率下系统正常工作。

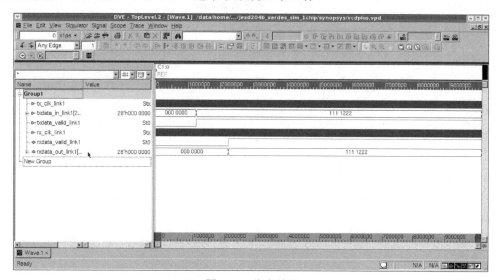

图 7.53　仿真结果

3. 8 Gbit/s 速率测试

配置 link_clk，tx_clk_link1，rx_clk_link1 为 200MB，配置 ILAS 发送 256 个多帧，仿真结果如图 7.54 所示，定点收发数据一致，因此 8 Gbit/s 速率下系统正常工作。

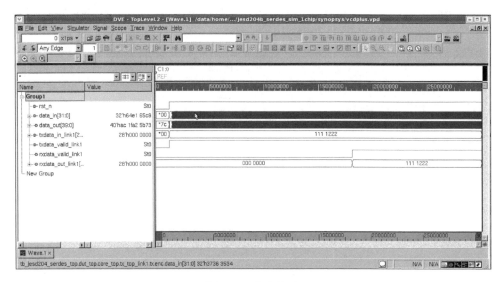

图 7.54　仿真结果

7.2　时钟仿真结果

时钟仿真结果如表 7.1 所示。

表 7.1　时钟仿真结果

Information	Value		
	MIN	TYP	MAX
Power Consumption @ 3.125G		17.2mA @ AVDH 9.127mA @ AVDL	
Power Consumption @ 5G		17.2mA @ AVDH 7.154mA @ AVDL	
Power Consumption @ 6.25G		17.2mA @ AVDH 9.127mA @ AVDL	
Output Frequency	3.125G	5G	6.25G
lock time @ 3.125G		140.5u	
lock time @ 5G		98.02u	
lock time @ 6.25G		86.38u	

PLL system clock generator

1. PLL 3.125G lock（图 7.55）

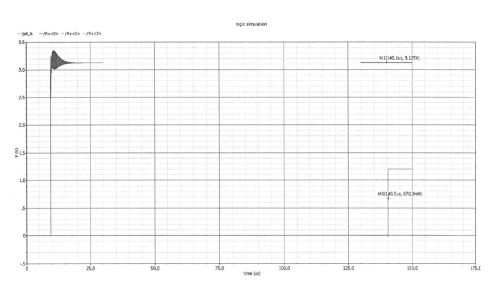

图 7.55 PLL 3.125G lock

2. PLL 5G lock（图 7.56）

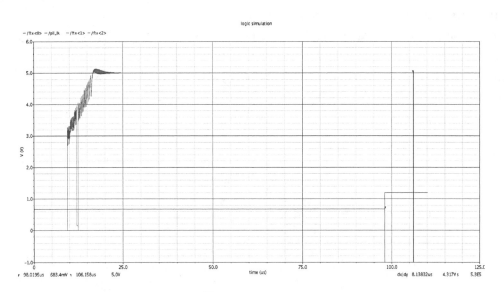

图 7.56 PLL 5G lock

7.3 接收机仿真结果

1. TT Corner（图 7.57）

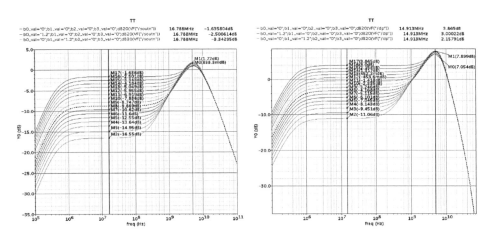

图 7.57 ATE AC Response 仿真结果

如图 7.58 所示，AFE AC Response 仿真结果：Post-Layout Simulation cross TT 1.2 50 Corner sweep s1rj。

Step1：①Boost@5 GHz MAX：17.27dB MIN：2.47dB；②DC Gain MAX：-1.636dB MIN：-16.55dB；。

Step2：①Boost@5 GHz MAX：18.96dB MIN：3.19dB；②DC Gain MAX：3.865dB MIN：-11.06dB。

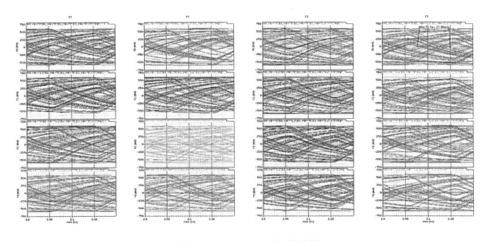

图 7.58 AFE trans 仿真结果

如图 7.59 所示，AFE trans 仿真结果：Post-Layout Simulation cross TT 1.2 50 Corner sweep s1rj ---input signal（ISI）。

Input Jitter（ISI）：72ps。

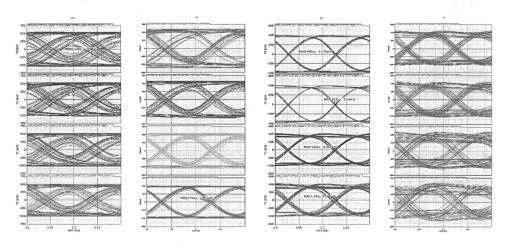

图 7.59　AFE trans 仿真结果

AFE trans 仿真结果：Post-Layout Simulation cross TT 1.2 50 Corner sweep s1rj---Output signal（CTLE）。

Output Jitter@default value：6.5ps。

Output Jitter@Best case s1rj = 1001：3.5ps。

2. SS Corner（图 7.60）

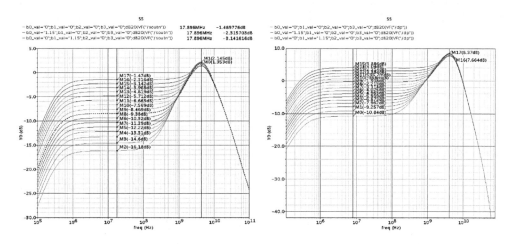

图 7.60　AFE AC Response

AFE AC Response 仿真结果：Post-Layout Simulation cross SS 1.15 125 Corner sweep s1rj。

Step1：①Boost@4.2 GHz MAX：18.3dB MIN：2.82dB；②DC Gain MAX：-1.47dB MIN：-16.18dB。

Step2：①Boost@4.2 GHz MAX：19.26dB MIN：3.75dB；②DC Gain MAX：3.886dB MIN：-10.84dB。

如图 7.61 所示，AFE trans 仿真结果：Post-Layout Simulation cross SS 1.15 125 Corner sweep s1rj---Output signal（CTLE）。

Output Jitter@default value：5.9ps。

Output Jitter@Best case s1rj = 1001：5.6ps。

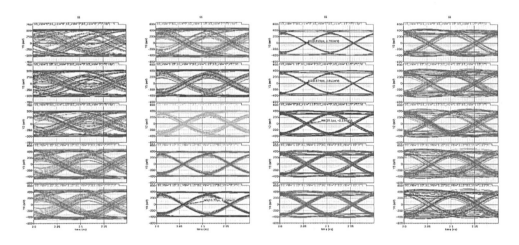

图 7.61　AFE trans 仿真结果

3. FF Corner（图 7.62）

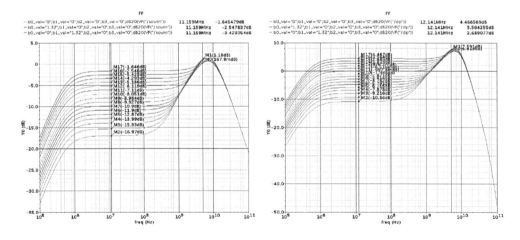

图 7.62　AFE AC Response 仿真结果

AFE AC Response 仿真结果：Post-Layout Simulation cross FF 1.32-40 Corner sweep s1cj。The boost is increased about 4dB。

如图 7.63 所示，AFE trans 仿真结果：Post-Layout Simulation cross FF 1.32-40 Corner sweep s1rj---Output signal（CTLE）。

Output Jitter@default value：8.28ps。

Output Jitter@Best case s1rj = 1001：3.75ps。

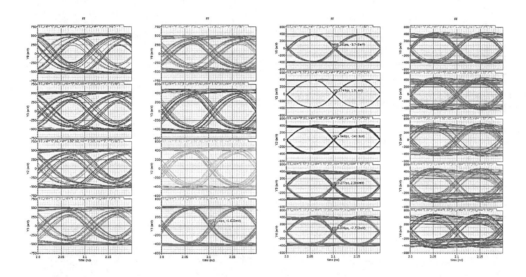

图 7.63　AFE trans 仿真结果

4. Post-layout simulation SS 1.15V 125（图 7.64）

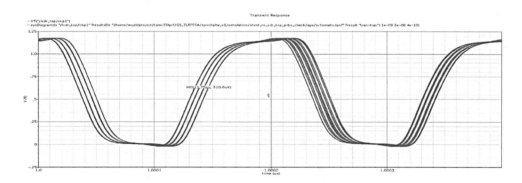

图 7.64　CDR trans 仿真结果（0ppm）

rx_cdr_top tracking jitter Post-layout XCC 仿真结果@SS 1.15V 125 @10Gbps@0ppm@default value。

Tracking Jitter = 11.8ps（～0.118UI）。

PRBS7 Checker locked time：～340ns。

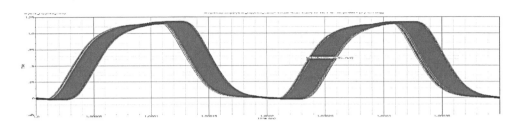

图 7.65　CDR trans 仿真结果（1000ppm）

如图 7.65 所示，rx_cdr_top tracking jitter Post-layout XCC 仿真结果@SS 1.15V 125 @10Gbps@- 1000ppm@default value。

Tracking Jitter = 24.2ps（~0.242UI）。

PRBS7 Checker locked time：~340ns。

5. Post-layout simulation TT 1.2 50（图 7.66）

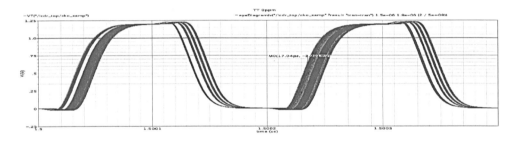

图 7.66　CDR trans 仿真结果（0ppm）

rx_cdr_top tracking jitter Post-layout XCC 仿真结果@TT 1.2V 50@10Gbps@0ppm@ default value。

Tracking Jitter = 17.04ps（~0.17UI）。

PRBS7 Checker locked time：~324ns。

如图 7.67 所示，rx_cdr_top tracking jitter Post-layout XCC 仿真结果@TT 1.2V 50@ 10Gbps@-1000ppm @default value。

Tracking Jitter = 12.5ps（~0.125UI）。

PRBS7 Checker locked time：~324ns。

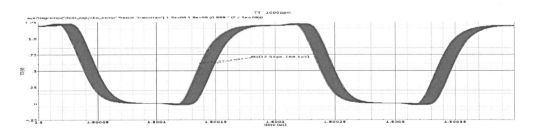

图 7.67　CDR trans 仿真结果（1000ppm）

如图 7.68 所示，rx_cdr_top power consumption Post-layout XCC 仿真结果@TT 1.2 50@10Gbps@ 0ppm@default value。

VDD10 average current：25.93mA；VDD10 peak-peak current：10mA@～100MHz。

VDDU　average current：18.83mA；VDDU　peak-peak current：15mA@high frequency。

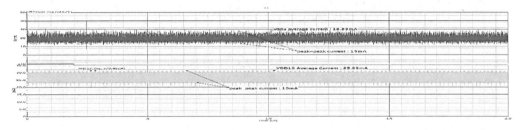

图 7.68　CDR 功耗仿真结果（TT）

6. Post-layout simulation FF 1.32-40（图 7.69）

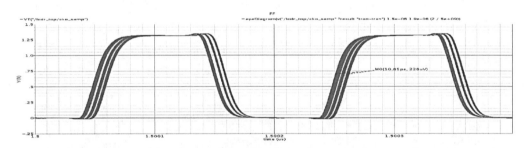

图 7.69　CDR trans 仿真结果（0ppm）

rx_cdr_top tracking jitter Post-layout XCC 仿真结果@FF 1.32-40@10Gbps@0ppm@ default value。

Tracking Jitter = 10.85ps（～0.11UI）。

PRBS7 Checker locked time：～463ns。

如图 7.70 所示，rx_cdr_top tracking jitter Post-layout XCC 仿真结果@FF 1.32-40 @10Gbps @-1000ppm @default value。

Tracking Jitter = 13.1ps（～0.131UI）。

PRBS7 Checker locked time：～463ns。

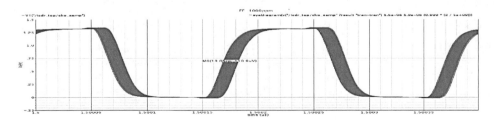

图 7.70　CDR trans 仿真结果（1000ppm）

如图 7.71 所示，rx_cdr_top power consumption Post-layout XCC 仿真结果@FF 1.32V–40 @10Gbps@ 0ppm@default value。

VDD10 average current：32.9mA；VDD10 peak-peak current：17mA@～100MHz。

VDDU　average current：21.9mA；VDDU　peak-peak current：15mA@high frequency。

Post-layout simulation FF 1.32 125。

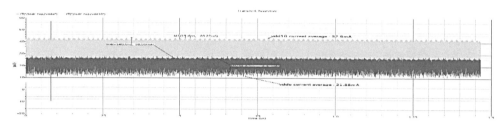

图 7.71　CDR 功耗仿真结果（–40 度）

如图 7.72 所示，rx_cdr_top power consumption Post-layout XCC 仿真结果@FF 1.32V 125@10Gbps@ 0ppm@default value。

VDD10 average current：34.1mA；VDD10 peak-peak current：17mA@～100MHz。

VDDU　average current：24.1mA；VDDU　peak-peak current：15mA@high frequency。

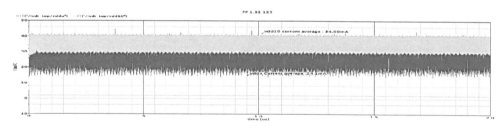

图 7.72　CDR 功耗仿真结果（125度）

7.4　本　章　小　结

本章是对基于混合信号的 JESD204B 收发器的系统仿真方案和关键仿真结果的研究，在对控制器仿真时，主要对 subclass0 模式下的加扰、不加扰和解扰进行仿真研究。JESD204B 可以实现多通道多链路传输数据，本次测试便是利用两条链路分别发送两种不同的固定数据，以测试其两条链路间是否有黏连。环路测试分为近端环回（不经过 204B 协议）和远端环回（不经过 PHY）两种情况。同时进行了对多芯片同步异常的测试、可测试性设计的验证、极限速率的测试、时钟仿真和接收机仿真结果的研究。

第 8 章 结　　论

本书是在重庆市博士后科学基金等项目的支持下,利用重庆大学电子科学与技术博士后流动站及中国电子科技集团公司第二十四研究所企业博士后工作站的科研平台,针对满足 JESD204B 协议的高速串行互联 Serdes 芯片架构进行研究,提出基于 55 nm 工艺的设计方法,具体研究工作总结如下。

(1)深入理解 JESD204B 接口协议。随着越来越多的高性能特种 SOC 芯片演进至 28 nm 这个重要的 CMOS 工艺节点,符合 JESD204B 协议标准的高速串行收发器成为 ADDA 系统中必不可少的接口芯片。因此提前布局纳米级工艺节点的关键芯片设计技术是我国特种集成电路领域跨越式发展的重要课题。JESD204B 收发器支持 JESD204B 协议中 subclass0、subclass1 的要求。subclass0 向后兼容 JESD204A,subclass1 可以实现 JESD204B 规定的确定性延迟。jesd204b_core_top 模块是 JESD204B 数字协议实现的核心电路,包括两条相互独立的数据链路和 SPI 从机及所有配置寄存器,每条链路分别由一条 TX 链路和 RX 链路组成,并且为单通道。而双通道的输入输出,可实现 40 位并行数据的串行输出,相反实现串行数据的解串,串行数据传输速率可达 10 Gbit/s。同时数字部分的链路时钟也是由 phy 缓冲输出的。

(2)针对发射端和接收端,对 JESD204B 控制器的协议和数字电路设计实现的研究。在 JESD204B 协议中,传输层处于应用层与链路层之间,发射端的传输层又可以称为帧组装器,主要负责根据顶层的相关配置把数据转换器采样样本组装为帧数据,然后分配到各个通道的链路层中。反之,接收端的传输层是解帧器,根据相同的配置把接收端的链路数据解帧为样本数据输出。许多 JESD204 系统包含分布在不同时钟域上的各种数据处理元件,这些元件通过接口连接会导致模糊延迟。这些模糊性导致不同的上电周期或链路重新同步时产生不可重复的延迟。JESD204A 及以前的版本协议没有提供使接口等待时间确定的机制。但 JESD204B 为此提供了两种可能的机制,定义为子类 1 和子类 2 操作。本书只研究了子类 1 机制下如何实现确定性延迟。链路上的确定性延迟定义为从发送机设备(ADC 或者 FPGA)上基于并行帧数据输入到接收机设备(DAC 或 FPGA)上基于并行帧数据输出所需的时间。JESD204B 协议标准所支持的确定性延迟功能,定义为发送机输入帧数据的时刻与接收机输出开始输出帧数据时刻之间的时间差值。由于确定性延迟是基于帧时钟进行量度的,所以链路上的延迟的最小单位为一个帧周期并且以帧时钟周期作为增量实现链路的可编程延迟。根据 JESD204B 协议的要求,发送机协议控制器主要实现数据组帧、加扰、对齐控制符插入与替换、初始通道对齐序列产生、8B/10B 编码等功能。本书针对 JESD204B 接收机控制器的设计提出了一种 Comma 检测器的设计方案,能够满足系统规定的 12.5 Gbit/s 的速率要求,Comma 检测器的设计主要包括以下三个部分:移位逗号检测模块、状态锁定模块、移位输出模块。为了满足 JESD204B 协议接收机控制器高速编码的要求，本设计采用纯组合逻辑的实现方法。

（3）采用数模混合设计对 JESD204B 收发器 PHY 的电路设计研究。在 JESD204B 系统中采用了 Serdes 模块实现高速数据的并串转换。其中 TX 端负责将 40 bits 的并行数据流转换为 10 Gbit/s 的串行数据。JESD204B 高速串行接收机的接收端包含接收前端电路、接收端均衡、时钟恢复、译码模块、串并转换模块。接收端的均衡器用于调节信号的摆幅，保证接收端电路的线性度，同时还需要时钟恢复电路从数据比特流中捕获时钟的相位信息用于数据译码时的采样。接收端前端对信道的长拖尾效应进行补偿，均衡器按是否需要时钟采样可以分为离散时间均衡器和连续时间均衡器。考虑到时钟恢复的问题，在接收端采用离散时间均衡器的场所通常限制在采用源同步时钟驱动的串行链路中。因此在接收端采用连续时间均衡器。连续时间均衡器可以有效增加信号的高频分量与低频分量的比值，而不需要采样时钟驱动。对于超高速 Serdes，由于信号的抖动（如 ISI 相关的确定性抖动）可能会超过或接近一个符号间隔（UI），仅使用线性均衡器已不再足够。

（4）基于混合信号的 JESD204B 收发器的系统仿真方案和关键仿真结果的研究。扰码有效：在 TX 端的加扰是对 ADC 采样的数据加扰的，而对 ILAS 无影响，因此在 ILAS 阶段数据不变。SPI 读写操作：通过配置 SPI 地址，进行对寄存器的读写操作。两条通道发送不同数据：JESD204B 可以实现多通道多链路传输数据。本次测试是用两条链路分别发送两种不同的固定数据，以测试其两条链路间是否有黏连。多芯片同步：①码组同步，无通道同步，本次配置将每个 chip 中两条链路接收端延迟为两个时钟周期接收数据。每条链路 TX 端在同一时刻发送数据，而接收端则有延迟地接收数据。②通道同步，当配置为发送 ILAS 数据时，在码组同步后，就会发送初始通道对齐序列。③码组同步及通道同步，当 sysref 信号到来后，进入码组同步阶段。各个 chip 以及 chip 间的 RX 在不同的时间接收到 ILAS 数据，而在相同的时钟周期内释放数据，完成数据的对齐。配置 RBD：JESD204B 可通过 RBD 来调节数据在 LMFC 边沿释放。环路测试：分为近端环回（不经过 JESD204B 协议）和远端环回（不经过 PHY）。多芯片同步异常测试、可测试性设计的验证、极限速率的测试、时钟仿真和接收机仿真的结果。